建筑设备 CAD

主编 罗 敏 伦 炜

副主编 张楚锋

北京理工大学出版社
BEIJING INSTITUTE OF TECHNOLOGY PRESS

内容提要

本书系统地介绍了使用AutoCAD 2020、T20天正给排水V8.0、T20天正暖通V8.0、T20天正电气V8.0等专业工程软件进行计算机绘图的方法与技巧。全书共分为3部分9个模块。第一部分：模块1 AutoCAD 2020基础知识，主要介绍了AutoCAD的基本知识；模块2 基本绘图命令，主要介绍了AutoCAD的绘图命令；模块3 编辑方法，主要介绍了AutoCAD的编辑命令；模块4 文字与尺寸，主要介绍了AutoCAD文字和尺寸的输入与编辑。第二部分：模块5 建筑设备图例绘制，包括给排水常用图例绘制、给排水管道线型的制作、通风与空调常用图例绘制、建筑电气常用图例绘制。第三部分：模块6 用天正给排水绘制给排水施工图，模块7 用天正暖通绘制空调施工图，模块8 用天正电气绘制电气施工图，模块9 图形的布局与输出，介绍图纸输出方法。第三部分中的案例均基于实际施工图撰写。

本书力求以清晰的结构、简练的语言，以及丰富的应用实例，为高等院校相关专业提供教学用书，也可作为从事计算机绘图技术研究与应用工作人员的参考书。

图书在版编目（CIP）数据

建筑设备CAD / 罗敏，伦炜主编. --北京：北京理工大学出版社，2023.9

ISBN 978-7-5763-2868-4

Ⅰ. ①建… Ⅱ. ①罗… ②伦… Ⅲ. ①建筑设备—计算机辅助设计—AutoCAD软件 Ⅳ. ①TU8-39

中国国家版本馆CIP数据核字（2023）第174302号

责任编辑：江　立		文案编辑：江　立	
责任校对：周瑞红		责任印制：王美丽	

出版发行 / 北京理工大学出版社有限责任公司

社　　址 / 北京市丰台区四合庄路 6 号

邮　　编 / 100070

电　　话 / （010）68914026（教材售后服务热线）

　　　　　　（010）68944437（课件资源服务热线）

网　　址 / http：//www.bitpress.com.cn

版 印 次 / 2023 年 9 月第 1 版第 1 次印刷

印　　刷 / 北京紫瑞利印刷有限公司

开　　本 / 787 mm×1092 mm　1/16

印　　张 / 18

字　　数 / 426 千字

定　　价 / 89.00 元

前　言

党的二十大报告指出："教育、科技、人才是全面建设社会主义现代化国家的基础性、战略性支撑"，"教育是国之大计、党之大计"，"统筹职业教育、高等教育、继续教育协同创新，推进职普融通、产教融合、科教融汇，优化职业教育类型定位"。为此，我们组织编写本书。在编写过程中，本书始终坚持问题导向，注重以案例引导、培育、提升学生的职业素养和学思践悟能力，主要包括"打基础、教范式、解问题"三大部分，框架清晰，语言简练。

打基础：指的是本书的模块1～模块4，主要以深入浅出的语言简明扼要讲清楚AutoCAD 2020的各类基础知识。通过讲解、练习，读者可以较高效率了解软件使用规则，为后续拓展使用筑牢基础。

教范式：指的是本书的模块5，主要贯穿以"熟读唐诗三百首"的思路。通过大量展示常规使用的给排水、空调、电气等图例，读者可以大量接触专业图例，把打基础的知识与工程图例逐步产生交集，慢慢打开应用的大门。

解问题：指的是本书的模块6～模块9，着眼于学以致用。该部分选取笔者参与或收集的大量实际应用案例和施工图集，使用天正给排水、天正暖通与天正电气软件，辅以详细的应用分步解析，旨在让读者真切触摸、感受真实的工程案例，为日后的具体应用奠定基础。

本书由广东建设职业技术学院罗敏、伦炜担任主编，张楚锋担任副主编。编写分工：模块1由张楚锋编写；模块2、模块3（任务7～9）、模块6和模块7由伦炜编写；模块3（任务1～6）、模块4、模块5、模块8和模块9由罗敏编写。全书由罗敏负责修改总撰。本书编写过程中参考了多位同行教师的著作及资料，在此表示衷心感谢。

本书相关配套教学资源，读者可通过访问链接：https://pan.baidu.com/s/1Tm8vqzYNDEs145wakUOLLg?pwd=mg5w（提取码：mg5w），或扫描右侧二维码进行下载。

由于编者学识水平有限，本书难免存在错漏之处，请广大读者不吝指出，以便不断改进。

编　者

目 录

模块 1

AutoCAD 2020 基础知识

任务 1　AutoCAD 管理和界面管理

任务目标

1. 了解 AutoCAD 的功能。
2. 掌握 AutoCAD 2020 的启动、退出方法。
3. 熟悉 AutoCAD 2020 的用户界面。
4. 掌握图形界限的设置。

素质目标

1. 树立良好的文明使用计算机的习惯，培养学生的纪律意识。
2. 培养同学之间的互助精神。

任务准备

1. 安装 AutoCAD 软件。
2. 了解 AutoCAD 基本介绍。

任务组织

1. 教师介绍 AutoCAD 管理和界面管理。
2. 学生对 AutoCAD 界面进行简单的管理操作。
3. 学生独立完成课堂练习。
4. 操作中遇到问题时，鼓励学生先通过互助进行解决；无法解决时，再求助教师。

1.1　AutoCAD 简介

AutoCAD（Autodesk Computer Aided Design）是 Autodesk（欧特克）公司于 1982 年首

1

次开发的自动计算机辅助设计软件，用于二维绘图、详细绘制、设计文档和基本三维设计。无须懂得编程，即可进行二维制图和基本三维设计，广泛应用于土木建筑、装饰装潢、工业制图、工程制图、电子工业、服装加工等多方面领域，现已经成为国际上广为流行的绘图工具。

AutoCAD 具有广泛的适应性，可以在支持各种操作系统的微型计算机和工作站上运行。同时，具有良好的用户界面，通过交互菜单或命令行方式便可进行各种操作，使非计算机专业人员也能很快地学会使用，熟练掌握它的各种应用和开发技巧，并能不断提高工作效率。

1.2 系统配置

安装 AutoCAD 2020 的系统配置见表 1-1。

表 1-1　安装 AutoCAD 2020 系统配置

操作系统	• Microsoft®Windows®7SP1（含更新 KB4019990）(仅限 64 位) • Microsoft Windows 8.1（含更新 KB2919355）(仅限 64 位) • Microsoft Windows 10（仅限 64 位)(版本 1803 或更高版本) • 有关支持信息，参见 Autodesk 的产品支持生命周期
处理器	• 基本要求：2.5 ~ 2.9 GHz 处理器 • 建议：3 GHz 以上处理器 • 多处理器：受应用程序支持
内存	• 基本要求：8 GB • 建议：16 GB
显示器分辨率	• 传统显示器：1 920 × 1 080 真彩色显示器 • 高分辨率和 4 K 显示器：在 Windows 10 64 位系统（配支持的显卡）上支持高达 3 840 × 2 160 的分辨率
显卡	• 基本要求：1 GB GPU，具有 29 GB/s 带宽，与 DirectX 11 兼容 • 建议：4 GB GPU，具有 106 GB/s 带宽，与 DirectX 11 兼容
磁盘空间	6 GB
浏览器	Google Chrome™（适用于 AutoCAD 跨设备访问）
网络	• 通过部署向导进行部署 • 许可服务器及运行依赖网络许可的应用程序的所有工作站都必须运行 TCP/IP 协议 • 可以接受 Microsoft® 或 Novell TCP/IP 协议堆栈。工作站上的主登录可以是 Netware 或 Windows • 除应用程序支持的操作系统外，许可服务器还将在 Windows Server®2016、Windows Server 2012 和 Windows Server 2012 R2 各版本上运行
指针设备	Microsoft 鼠标兼容的指针设备
.NET Framework	• .NET Framework 4.7 或更高版本 • 支持的操作系统推荐使用 DirectX11

1.3 用户界面

双击计算机桌面上的图标 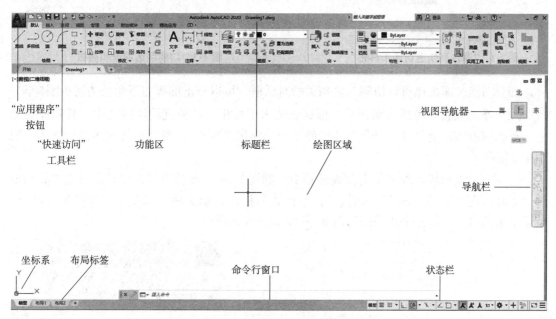 启动软件,单击"新建"按钮 创建空白的文件,进入用户界面,如图1-1所示。

图 1-1 AutoCAD 2020 用户界面

1. 标题栏

标题栏在工作界面的最上方,显示软件的版本、当前图形的文件名称,其左端显示软件的图标,快速访问工具栏右端 _ ☐ ✕ 按钮,可以最小化、最大化或关闭 AutoCAD 2020 的工作界面。

2. "应用程序"按钮

单击"应用程序"按钮 ,可以执行以下操作:创建、打开或保存文件;核查、修复和清除文件;打印或发布文件;访问"选项"对话框;关闭应用程序。

提示:也可以通过双击"应用程序"按钮关闭应用程序。

3. "快速访问"工具栏

使用"快速访问"工具栏显示经常使用的工具。通过工具栏的下拉按钮 并单击下拉菜单中的选项,可以将常用工具添加到"快速访问"工具栏,也可以在功能区的任何按钮上单击鼠标右键,然后单击"添加到快速访问工具栏"按钮,如图1-2所示。

4. "功能区"

功能区按逻辑分组,包括创建或修改图形所需要的所有工具。

（1）功能区选项卡和面板。功能区由一系列选项卡组成，包含工具和控件，如图 1-3 所示。

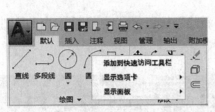

图 1-2 "添加到快速访问工具栏"

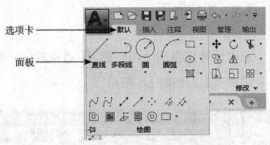

图 1-3 功能区选项卡和面板

部分功能区面板还可以访问与之相关的对话框，可以单击面板右下角处的箭头图标▼。

（2）浮动面板。可以将面板从功能区选项卡中拉出，并放到绘图区域中或其他监视器上。浮动面板将一直处于打开状态（即使切换功能区选项卡），直到将其放回到功能区，如图 1-4 所示。

（3）滑出式面板。如果单击面板标题中间的箭头 ▼，面板将展开以显示其他工具和控件。默认情况下，当单击其他面板时，滑出式面板将自动关闭。要使面板保持展开状态，可以单击滑出式面板左下角的图钉图标 ，如图 1-5 所示。

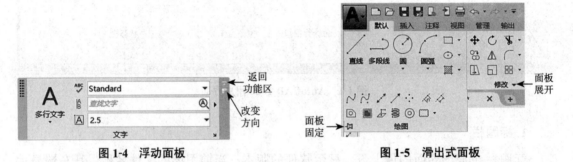

图 1-4 浮动面板　　　　　　　　　　　　　　图 1-5 滑出式面板

（4）上下文功能区选项卡。当选择特定类型的对象或启动特定命令时，将显示上下文功能区选项卡而非工具栏或对话框，如图 1-6 所示。当结束命令时，上下文选项卡会关闭。

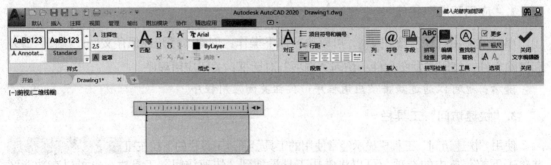

图 1-6 上下文功能区选项卡

（5）工作空间。工作空间是指功能区选项卡和面板、菜单、工具栏和选项板的集合，可以提供一个自定义、面向任务的绘图环境。通过更改工作空间，更改到其他功能区。在状态栏中，单击"切换工作空间"按钮，然后选择要使用的工作空间。

5. 绘图区域和十字光标

绘图区域是绘制图形的区域。绘图区域内有一个十字光标，随鼠标的移动而移动，它的功能是绘图、选择对象等。

6. 坐标系图标

AutoCAD 采用了多种坐标系统以便绘图，如世界坐标系统（WCS）和用户坐标系统（UCS）。世界坐标系统为默认坐标系，且默认水平向右方向为 X 轴正方向，垂直向上方向为 Y 轴正方向。

7. 命令行窗口

命令行窗口位于绘图窗口的下方，主要用来接收用户输入的命令和显示 AutoCAD 2020 系统的提示信息。默认情况下，命令行窗口只显示一行命令。AutoCAD 2020 的命令行窗口是浮动窗口，可以将其拖动到工作界面的任意位置。

若想查看以前输入的命令或 AutoCAD 2020 系统所提示的信息，可以单击命令行窗口的上边缘并向上拖动，或再按 F2 键，屏幕上将弹出"AutoCAD 文本窗口"对话框。

8. 状态栏

状态栏显示光标位置、绘图工具及会影响绘图环境的工具。状态栏提供对某些最常用的绘图工具的快速访问。可以切换设置（如夹点、捕捉、极轴追踪和对象捕捉等），也可以通过单击某些工具的下拉箭头，来访问其他设置。

提示：默认情况下，不会显示所有工具，可以通过状态栏上最右侧的按钮，选择要从"自定义"菜单显示的工具。状态栏上显示的工具可能会发生变化，具体取决于当前的工作空间，以及当前显示的是"模型"选项卡还是"布局"选项卡。还可以使用 F1 ～ F12 功能键，切换其中某些设置。

9. 模型 / 布局标签选项卡

模型 / 布局标签选项卡用于实现模型空间与图纸空间之间的切换。显示选项卡的途径：单击"应用程序"按钮，在下拉列表中单击"选项"按钮，弹出"选项"对话框，展开"显示"选项卡，勾选"显示布局和模型选项卡"复选框。

10. 视图导航器

利用视图导航器可以方便地将视图按不同的方位显示。对于二维绘图而言，此功能的作用不大。

11. 快捷菜单

在工作界面的不同位置、不同状态下单击鼠标右键，将弹出不同的快捷菜单，使用快捷菜单使绘制、编辑图样更加方便、快捷，如图 1-7 所示。

图 1-7　快捷菜单

12. "开始"选项卡

"开始"选项卡默认在启动时显示，可以访问各种初始操作，包括访问图形样板文件、最近打开的图形和图纸集及联机和了解选项。

（1）"开始"选项卡的"创建"页面包括以下部分（图1-8）：

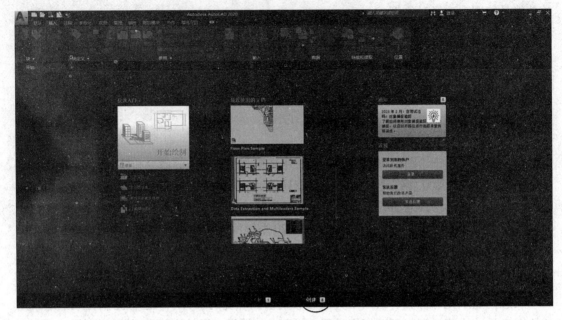

图1-8　"创建"页面

1）快速入门。访问常用方法及启动文件。

①启动新图形。单击"开始绘制"可以启动新图形。基于默认的图形样板文件创建新图形。可以通过"选项"对话框→"文件"选项卡→"样板"→"QNEW 的默认样板文件名"设置来指定默认的图形样板文件。如果默认图形样板文件设定为"None"或未指定，则基于最近使用的图形样板文件创建新图形。

②样板。列出所有可以使用的图形样板文件。

2）打开文件。显示"选择文件"对话框。

3）打开图纸集。将显示"打开图纸集"对话框。

4）联机获取更多样板。在可以下载时，下载更多图形样板文件。

5）了解样例图形。访问安装的样例文件。

6）最近使用的文档。通过单击图钉按钮可以使文件保持在列表中。固定的文档将显示在该列表的顶部，直至关闭图钉按钮为止。可以在"图像""图像和文字"或"仅文字"之间进行选择，以作为显示选项。

7）通知。显示与产品更新、硬件加速、试用期相关的所有通知，以及脱机帮助文件信息。当有两个或多个新通知时，在页面的底部会显示通知标记。

8）连接。登录到 Autodesk 个人账户可以访问联机服务。

（2）"开始"选项卡的"了解"页面（图1-9）：可以访问学习资源（例如，视频、提示和其他可以用的相关联机内容或服务），每当有新内容更新时，在页面的底部会显示通知标记。

提示：如果没有可用的 Internet 连接，则不会显示"了解"页面。

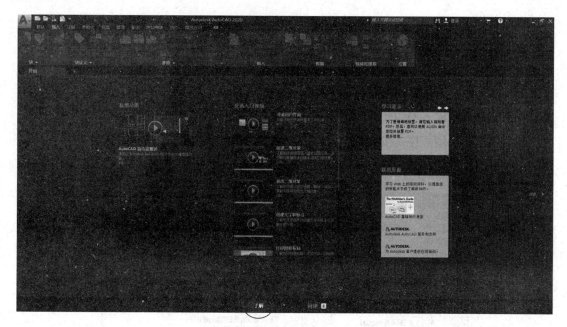

图1-9 "了解"页面

1.4 绘图环境的设定

新建文件后，可以设置菜单栏、选项、单位和图形界限等内容。

1. 菜单栏

单击"快速访问"工具栏的下拉按钮，在"自定义快速访问工具栏"列表中选择"显示菜单栏"，如图1-10所示。

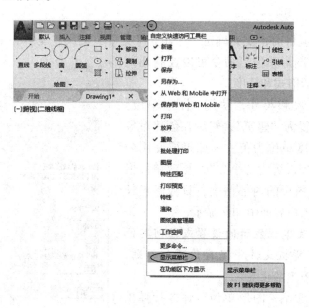

图1-10 显示菜单栏

2. 设置"选项" 🔲

常用的调用方法如下：

（1）菜单栏：执行菜单栏"工具"→"选项" 🔲 命令；

（2）单击鼠标右键在快捷菜单中选择"选项"命令；

（3）命令行：输入 OPTIONS（快捷命令 OP）；

（4）单击"应用程序"按钮 **A·**，在下拉列表中单击"选项"按钮。

系统弹出"选项"对话框，单击展开各个选项卡，可以设置绘图环境，如图 1-11 所示。

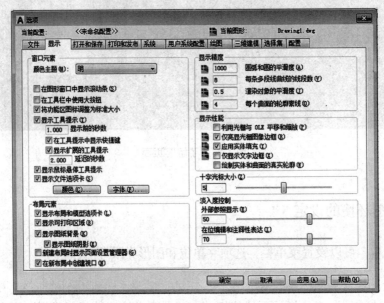

图 1-11 "选项"对话框下的"显示"选项卡

3. 设置"单位" 0.0

在新建一个新项目前，要先确定一个单位（英寸、英尺、厘米、千米或某些其他长度单位）表示长度。"图形单位"命令可以控制几种单位显示设置，包括格式和精度。

如果要使用英尺和英寸，使用"图形单位"命令将单位类型设置为"建筑"，然后在创建对象时，可以指定其长度单位为英寸。如果要使用公制单位，将单位类型设置为"小数"。更改单位格式和精度不会影响图形的内部精度，只会影响长度、角度和坐标在用户界面中如何显示。

提示：如果更改单位显示的设置或任何其他设置，可以在图形样板文件中保存设置。否则，将需要更改每个新图形的设置。

通过下述方法激活"图形单位"命令，弹出如图 1-12 所示的对话框。

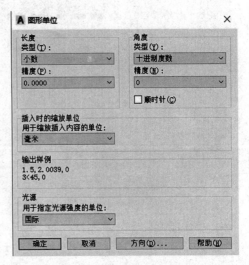

图 1-12 "图形单位"对话框

（1）单击"应用程序"按钮 ，在下拉列表中选择"图形实用工具"→"单位 0.0"选项；

（2）菜单栏：执行菜单栏"格式"→"图形单位"命令；

（3）命令行：输入 UNITS（UN）并按 Enter 键。

"图形单位"对话框各选项说明如下：

（1）设置长度单位。"长度"选项组中可以设置绘图的长度单位及其精度。

1）"类型（T）"下拉列表中提供了"小数""分数""工程""建筑""科学"5 种长度单位类型。其中，"工程"和"建筑"的单位以英制表示。

2）"精度（P）"下拉列表中可以设置长度值显示时所采用的小数位数或分数大小。

（2）设置角度单位。"角度"选项组中可以设置绘图的角度类型及其显示精度。

1）"类型（Y）"下拉列表中提供了"十进制度数""弧度""度 / 分 / 秒""百分度""勘测单位"5 种角度类型。

2）"精度（N）"下拉列表中可以设置当前角度显示的精度。

3）勾选"顺时针（C）"复选框，可以设置顺时针方向为角度的正方向。

（3）插入时的缩放单位。单击"用于缩放插入内容的单位"下拉按钮，在下拉列表可为插入到当前图形中的块或图形选择插入单位。图形创建时的单位与插入时的单位可以不同。

（4）输出样例。"输出样例"选项组显示了当前长度单位和角度设置的样例。

（5）光源。"用于指定光源强度的单位"的下拉列表中是控制当前图形中光源强度的测量单位，有"国际"和"美国"两种选项。

4. 设置"图形界限"

绘图界限也就是模型空间界限，通过设定的绘图区域的大小，限定绘图区域界限，避免所绘制的图形超出边界，如 A4（210 000，297 000）、A3（420 000，297 000）等。绘图界限以坐标形式表示，以绘图单位来度量，通过指定左下角与右上角两点的坐标来定义，一般要大于或等于实体的绝对尺寸，也就是用 1 : 1 绘制出的整图。常用的调用方法如下：

（1）菜单栏：执行菜单栏"格式"→"图形界限"命令；

（2）命令行：输入 LIMITS。

设置 A4 图形界限的操作步骤：

（1）激活"图形界限"命令。

（2）命令行提示：

```
重新设置模型空间界限：
指定左下角点或 [开（ON）/关（OFF）]<0.000 0，0.000 0>：（按 Enter 表示确定）
指定右上角点 <420.000 0，297.000 0>：210 000，297 000
```

1.5 状态栏工具

为了提高 AutoCAD 绘图的高效性和准确性，可以使用 AutoCAD 提供的辅助功能。辅助工具按钮位于程序界面右下方的状态栏上。各按钮对应功能名称如图 1-13 所示。

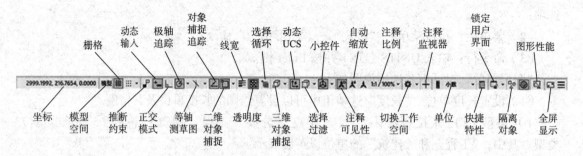

图 1-13　状态栏上的辅助绘图工具按钮

其中，"捕捉和栅格（捕捉、捕捉模式）""极轴追踪""对象捕捉（二维）""三维对象捕捉""动态 UCS""快捷特性"和"选择循环"7 个功能同属于草图设置组，选择其中任何一个按钮，单击鼠标右键，在弹出的快捷菜单中选择"设置"选项，弹出"草图设置"对话框，对该组工具进行设置，如图 1-14 所示。

提示：默认情况下不会显示所有工具。状态栏上显示的工具可能会发生变化，具体取决于当前的工作空间及当前显示的是"模型"还是"布局"选项卡。

下面对几个常用的工具按钮进行说明。

1. 对象捕捉

对象捕捉是指利用鼠标等定点设备在屏幕上取点时，精确地将指定点迅速定位在对象确切的特征几何位置上。利用对象捕捉可以实现精确绘图，而不用输入坐标和进行计算。

打开或关闭对象捕捉：单击"对象捕捉"按钮 ⬚ ，功能键为"F3"。设置"自动捕捉"要利用"草图设置"对话框中的"对象捕捉"选项卡。

2. 正交模式

在实际绘图中，多数的直线是水平或垂直的。使用"正交"模式创建或移动对象时，可以将光标限制在水平或垂直轴上。打开或关闭正交：单击"正交"按钮 ⬚ ，功能键为"F8"。

3. 极轴追踪

利用"极轴追踪"模式可以在创建或修改对象时，控制沿指定的极轴角度和极轴距离取点，并显示追踪的路径。打开或关闭极轴追踪模式：单击"极轴"按钮 ⬚ ，功能键为"F10"。

注意事项：当极轴追踪模式打开时，正交模式就会关闭。同样，当正交模式打开时，极轴追踪模式就会关闭，让人很容易以为两者的功能是一样的。

设置极轴追踪的方法如下：

打开"草图设置"对话框，选择"极轴追踪"选项卡，如图 1-14 所示。

"极轴追踪"选项卡各选项意义如下：

（1）"增量角"文本框：输入任何角度或从下拉列表中选择常用角度来设置极轴追踪的极轴角增量。

（2）"附加角"复选框：添加角度到列表中，极轴追踪时使用列表中的任何一种附加角度。

图1-14 "极轴追踪"选项卡

4.对象捕捉追踪

对象捕捉追踪是指从对象的捕捉点进行追踪，即沿着基于对象捕捉点的追踪路径进行追踪，如图1-15所示。对象捕捉追踪必须和"对象捕捉"一起使用。打开或关闭对象捕捉追踪：单击"对象追踪"按钮，功能键为"F11"。

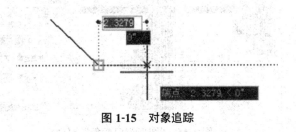

图1-15 对象追踪

5.动态输入

动态输入提供一种在鼠标光标位置附近显示命令提示、输入数据或选项的模式。打开或关闭动态输入：单击"动态输入"按钮，功能键为"F12"。

1.6 功能键

常用功能键及其作用见表1-2。

表1-2 常用功能键及其作用

功能键	作用	功能键	作用
F1	获取帮助	F7	栅格显示模式控制
F2	实现作图窗口和文本窗口的切换	F8	正交模式控制
F3	控制是否实现对象自动捕捉	F9	栅格捕捉模式控制
F4	数字化仪控制	F10	极轴模式控制
F5	等轴测平面切换	F11	对象追踪模式控制
F6	控制状态行上坐标的显示方式		

1. 在"选项"对话框的"显示"选项卡中，将颜色主题设定为"明"；十字光标大小设置为"100"。

2. 单击"选项"对话框的"颜色（C）"按钮，弹出"图形窗口颜色"对话框，如图1-16所示。试将二维模型空间设置为白色，命令行中命令历史记录背景设置为绿色。

3. 打开"选项"对话框中的"打开和保存"选项卡，将自动保存的间隔分钟数设置为"3"。

4. 打开"选项"对话框中的"打开和保存"选项卡，将文件保存格式设置为"AutoCAD 2010/LT2010 图形（*.dwg）"。

5. 设置"图形单位"，其中，长度的类型为"小数"，精度为"0"（图1-17）。

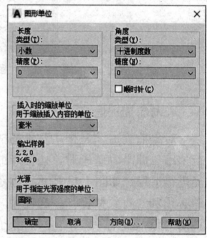

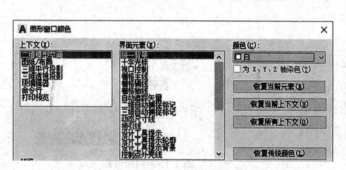

图1-16 "图形窗口颜色"对话框　　　　　图1-17 图形单位设置

6. 设置图形界限，大小为A3（420 000，297 000）。

7. （选择题）移动圆对象，使其圆心移动到直线中点，需要应用（　　）命令。

A. 正交　　　　　　　　B. 捕捉　　　　　　　　C. 格栅　　　　　　　　D. 对象捕捉

8. （判断题）"正交"模式不能控制键盘输入的坐标点的位置，只能控制鼠标拾取点的方位。（　　）

9. （选择题）F8键用于打开或关闭（　　）。

A. 正交　　　　　　　　B. 动态输入　　　　　　　C. 极轴追踪　　　　　　D. 对象捕捉

任务 2　图形文件的管理

任务目标

1. 掌握 AutoCAD 2020 创建新图形文件、打开和保存已有图形文件的方法。

2. 掌握 AutoCAD 2020 中有关图形文件的管理方法。

1. 培养学生举一反三的学习能力。
2. 通过学生的自我探索，培养其探索精神。
3. 树立良好的文明使用计算机的习惯，培养学生纪律意识。

1. 安装 AutoCAD 软件。
2. 了解 AutoCAD 操作界面。

1. 教师介绍 AutoCAD 图形文件的管理方法，并着重演示其中几种方法，剩余的方法，鼓励学生通过自己探索实现。
2. 鼓励学生通过不同的方法对图形文件进行管理，逐渐摸索出适合自己的方法。
3. 学生独立完成课堂练习。
4. 操作中遇到问题时，鼓励学生先通过互助进行解决；无法解决时，再求助教师。

可以从"默认"选项卡进行访问，另外，"快速访问"工具栏（图 1-18）也包括常用的命令，如"新建""打开""保存""打印"和"放弃"等。

图 1-18 "快速访问"工具栏

提示： 如果功能区顶部的"默认"选项卡不是当前选项卡，请继续并单击它。

2.1 创建新图形文件 ▭

通过为文字、标注、线型和其他几种部件指定设置，可以满足行业或公司标准的要求。所有这些设置都可以保存在图形样板文件中。

使用下列方法激活"新建"命令：

（1）快速访问工具栏："新建"按钮；
（2）菜单栏：执行菜单栏"文件"→"新建"命令；
（3）命令行：输入 NEW 并按 Enter 键；
（4）快捷键：Ctrl+O；
（5）单击图 1-19 中的"开始绘制"按钮。

单击"新建"按钮，从图 1-20 几个图形样板文件中进行选择。

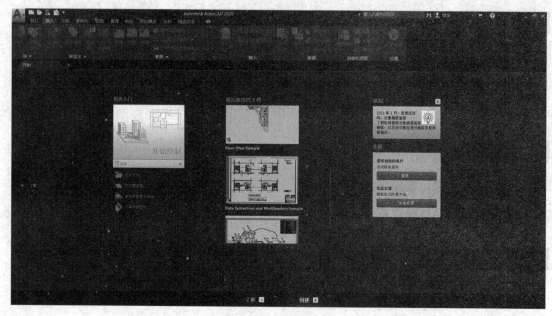

图 1-19　开始界面

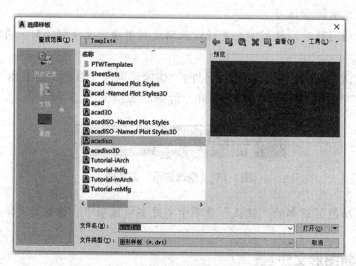

图 1-20　"选择样板"对话框

（1）对于英制图形，如果单位是英寸，使用 acad.dwt 或 acadlt.dwt。

（2）对于公制单位，如果单位是毫米，使用 acadiso.dwt 或 acadltiso.dwt。

通常使用不同的图形样板文件，具体取决于项目或客户。系统默认新建文件的文件名为"DrawingX.dwg"（其中"X"是数字）。

2.2　打开已有图形文件

打开 AutoCAD 安装路径下 "\Autodesk\AutoCAD 2020\Sample\zh-cn\DesignCenter" 的 "Plant Process.dwg" 文件。

使用下列方法激活"打开"命令：

（1）快速访问工具栏：单击"打开"按钮；

（2）菜单栏：执行菜单栏"文件"→"打开"命令；

（3）工具栏：单击"标准"工具栏"打开"按钮；

（4）命令行：输入 OPEN 并按 Enter 键。

（5）快捷键：Ctrl+O。

激活"打开"命令后，弹出"选择文件"对话框，选择对应路径，选择"Plant Process. dwg"文件，如图 1-21 所示。

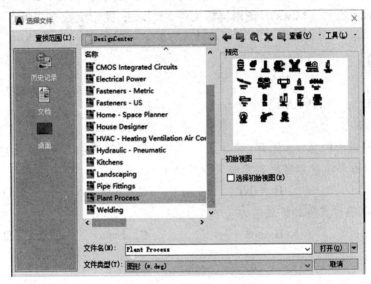

图 1-21　"选择文件"对话框

2.3　保存已有图形文件

1. 操作方法

使用下列方法激活"保存"命令：

（1）快速访问工具栏：单击"保存"按钮；

（2）菜单栏：执行菜单栏"文件"→"保存"命令；

（3）命令行：输入 QSAVE 并按 Enter 键；

（4）快捷键：Ctrl+S。

提示： QSAVE、SAVEAS 和 SAVE 三命令之间存在一些差异，具体取决于要完成的任务。

（1）QSAVE：如果当前图形已至少保存过一次，则程序将保存图形，但不会请求新文件名。如果从未保存过当前图形，将弹出"将图形另存为"对话框。用户界面中的"保存"图标均使用 QSAVE 命令。

（2）SAVEAS：使用新文件名或位置保存当前图形的副本。具有新文件名或位置的图形将成为当前图形，上一个图形将关闭而不保存对其进行的任何更改。

（3）SAVE：在 AutoCAD 中，如果该图形之前已保存，则以指定的文件名或位置保存当前图形，但使当前图形保持不变。在 AutoCAD 中，SAVE 命令等同于 SAVEAS 命令。

2. 操作步骤

将图形文件保存为不同文件类型。

（1）单击"应用程序"按钮，在下拉列表中选择"另存为"→"图形"选项；

（2）在"图形另存为"对话框中选择一个位置并输入文件名；

（3）在"文件类型"下拉列表中，选择以下一种类型并保存：DWG 图形格式版本（*.dwg）；图形标准文件（*.dws）；图形样板文件（*.dwt）；图形交换格式版本（*.dxf）。

📖 课堂练习

1. AutoCAD 的"SAVEAS"命令与（   ）功能相同。

A. QSAVE B. SAVE

C. 下拉菜单中的文件\保存 D. 下拉菜单的文件\另存为

2. 将绘制的图形保存为样板文件的文件名为（   ）。

A. *.dwg B. *.dxf C. *.dwt D. *.dwf

3. AutoCAD 临时文件的扩展名为（   ）。

A. .bak B. .ac$ C. .dwg D. .sav

任务 3 命令操作入门

任务目标

1. 掌握 AutoCAD 2020 命令的启动、输入、重复、中断、放弃与重做等操作。

2. 掌握 AutoCAD 2020 中常用命令。

素质目标

1. 培养学生举一反三的能力。

2. 树立良好的文明使用计算机的习惯，培养学生的纪律意识。

任务准备

1. 安装 AutoCAD 软件。

2. 了解 AutoCAD 操作界面。

1. 教师使用"直线（LINE）"命令，演示命令操作的其中几种方法。
2. 学生学习本书介绍的全部方法，操作"直线（LINE）"命令。
3. 学生使用"删除（ERASE）"命令，练习命令操作的方法。
4. 学生独立完成课堂练习。

3.1 命令的启动方式

AutoCAD 启动命令主要的方式（图 1-22）为：
（1）在功能区启动命令。
（2）在命令行启动命令。
（3）在菜单栏启动命令：设置显示菜单栏，详见本模块"1.4 绘图环境的设定"。
（4）在工具栏启动命令：在显示菜单栏之后，执行菜单栏"工具"→"工具栏"→"AutoCAD"→选择相应工具栏命令，即可在桌面上显示，如图 1-23 所示。

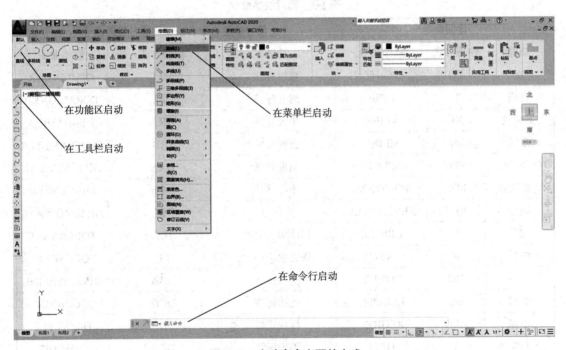

图 1-22 启动命令主要的方式

3.2 命令的输入方式

在英文输入法的模式下输入相关命令（快捷命令），大小写均可，按 Enter 键，即可完成命令的输入，然后根据提示信息进行操作。常用快捷命令见表 1-3。

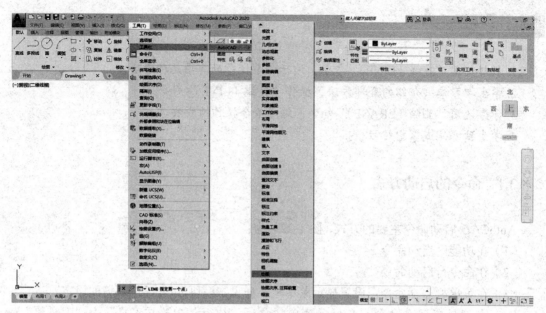

图 1-23 启动命令主要的方式

表 1-3 常用快捷命令

绘图命令			尺寸标注命令、视窗平移、缩放命令		
功能	快捷方式	操作命令	功能	快捷方式	操作命令
点	PO	POINT	直线标注	DLI	DIMLINEAR
直线	L	LINE	对齐标注	DAL	DIMALIGNED
多线段	XL	XLINE	半径标注	DRA	DIMRADIUS
多线	ML	MLINE	直径标注	DDI	DIMDIAMETER
样条曲线	SPL	SPLINE	角度标注	DAN	DIMANGULAR
正多边形	POL	POLYGON	中心标注	DCE	DIACENTER
矩形	REC	RECTANGLE	点标注	DOR	DIMORDINATE
圆	C	CIRCLE	标注形位公差	TOL	TOLERANCE
圆弧	A	ARC	快速引出标注	LE	QLEADER
圆环	DO	DONUT	基线标注	DBA	DIMBASELINE
椭圆	EL	ELLIPSE	连续标注	DCO	DIMCONTINUE
面域	REG	REGION	标注式样	D	DIMSTYLE
单行文本	T	TEXT	编辑标注	DED	DIMEDIT
多行文体	MT	MTEXT	替换标注系统变量	DOV	DIMONERRIDE
块定义	B	BLOCK	标注尺寸关联	DIMASSOC	（=2）
插入块	I	INSERT	CAD 命令禁用 / 恢复	Undefined/Redefine	@
定义块文件	W	WBLOCK	平移	P	PAN
等分	DIV	DIVIDE	鼠标快捷平移开关	MBUTTONPAN	（=1）
填充	H	HATCH	缩放	Z	ZOOM

修改命令			常见 Ctrl 快捷键		
功能	快捷方式	操作命令	功能	快捷方式	操作命令
复制	CO	COPY	修改特性	Ctrl+1	PROPERTIES
镜像	MI	MIRROR	设计中心	Ctrl+2	ADCENTER
阵列	AR	ARRAY	打开文件	Ctrl+O	OPEN
偏移	O	OFFSET	新建文件	Ctrl+N、M	NEW
旋转	RO	ROTATE	打印文件	Ctrl+P	PRINT
移动	M	MOVE	保存文件	Ctrl+S	SAVE
删除	E	DELETE/ERASE	放弃	Ctrl+Z	UNDO
分解	X	EXPLODE	剪切	Ctrl+X	CUTCLIP
修剪	TR	TRIM	复制	Ctrl+C	COPYCLIP
延伸	EX	EXTEND	带基点复制	Ctrl+Shift+C	
拉伸	S	STRETCH	粘贴	Ctrl+V	PASTECLIP
直线拉长	LEN	LENGTHEN	粘贴为块	Ctrl+Shift+V	
比例缩放	SC	SCALE	栅格捕捉	Ctrl+B	SNAP
打断	BR	BREAK	对象捕捉	Ctrl+F，F3	OSNAP
倒角	CHA	CHAMFER	栅格	Ctrl+G，F7	GRID
倒圆角	F	FILLET	正交	Ctrl+L，F8	ORTHO
多线段编辑	PE	PEDIT	对象追踪	Ctrl+W	
修改文本	ED	DDEDI	极轴	Ctrl+U	

命令启动之后，部分命令会有后续操作，此时响应命令的方法主要有两种，即在命令行操作和在绘图区域操作。在绘图区域操作时，动态输入框旁边出现 🖼 图标的，可按键盘的向下键，即可出现下拉选项，如图 1-24 所示。

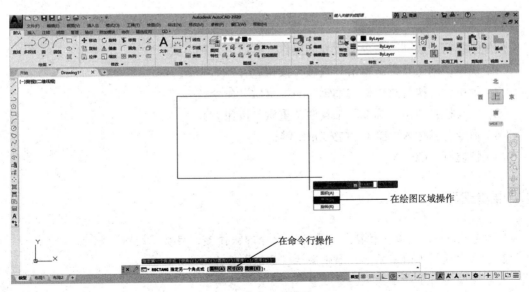

图 1-24 响应命令

3.3 命令的重复

将刚执行完成的命令再次调用，方式如下：

（1）键盘操作：按 Enter 键或空格键；

（2）鼠标操作：单击鼠标右键，在快捷菜单中选择"重复×××"或"最近的输入"，如图 1-25 所示。

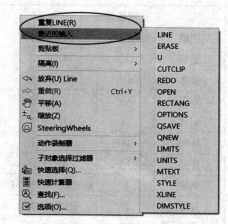

图 1-25 重复命令

3.4 命令的中断

中断正在执行的命令，返回到等待命令状态，方式如下：

（1）键盘操作：按"Esc"键；

（2）鼠标操作：单击鼠标右键，在快捷菜单中选择"取消"。

3.5 命令的放弃与重做

1. 命令的放弃

从最后一个命令开始，逐一取消前面已经执行的命令，有以下几种方式：

（1）快速访问工具栏：单击"放弃"按钮；

（2）菜单栏：执行菜单栏"编辑"→"放弃"命令；

（3）工具栏：单击"标准"工具栏"放弃"按钮；

（4）命令行：输入 UNDO 或 U；

（5）快捷键：Ctrl+Z。

2. 命令的重做

恢复刚执行"放弃"命令所放弃的操作，有以下几种方式：

（1）快速访问工具栏：单击"重做"按钮；

（2）菜单栏：执行菜单栏"编辑"→"重做"命令；

（3）工具栏：单击"标准"工具栏"重做"按钮；

（4）命令行：输入 REDO 并按 Enter 键；

（5）快捷键：Ctrl+Y。

课堂练习

1. 参考表 1-3，在命令行输入"删除"命令的快捷键，启动"删除"命令。

2. 在课堂练习 1 的基础上，取消激活"删除"命令。

3. 在课堂练习 1 的基础上，重复激活"删除"命令。

任务4 鼠标的操作

任务目标

1. 掌握 AutoCAD 2020 鼠标左、中、右三键的使用。
2. 掌握 AutoCAD 2020 鼠标与快捷键的配合使用。

素质目标

1. 培养学生自学的能力与互助精神。
2. 培养学生良好的文明使用计算机的习惯,培养学生的纪律意识。

任务准备

1. 安装 AutoCAD 软件。
2. 打开 AutoCAD 安装路径下 "\Autodesk\AutoCAD 2020\Sample\zh-cn\DesignCenter" 的 "Plant Process.dwg" 文件。
3. 预习关于鼠标操作的内容。

任务组织

1. 学生打开 "Plant Process.dwg" 文件,操作鼠标左、中、右三键,尝试实现鼠标三键的各种作用。
2. 教师使用 "Plant Process.dwg" 文件,演示鼠标操作。
3. 学生再次操作鼠标,更好地掌握鼠标左、中、右三键的作用。
4. 学生独立完成课堂练习。

在 AutoCAD 画图过程中,常用的主要是三键鼠标,左、中、右三键使用非常频繁,如图 1-26 所示。

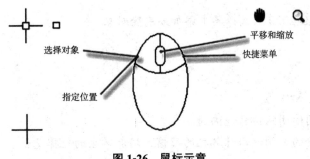

图 1-26 鼠标示意

4.1　鼠标左键

鼠标左键的主要作用：单击执行命令或单击菜单；单击选择对象，且可以累加选择；单击左键是矩形选择；按住左键不动是套索选择。

4.2　鼠标中键滚轴

鼠标中键滚轴的主要作用：前滚放大；按住不放平移；后滚缩小；双击在绘图区域最大化显示图形。

4.3　鼠标右键

AutoCAD 对用户鼠标右键的定义："当你不知道如何进行下一步操作时，单击鼠标右键，它会帮助您。"鼠标右键的主要作用：单击弹出快捷菜单；Ctrl+ 右键或 Shift+ 右键，打开捕捉菜单；选择对象后按住右键不放移动可以粘贴为块。

📖 课堂练习

1. 打开 AutoCAD 安装路径下 "\Autodesk\AutoCAD 2020\Sample\zh-cn\DesignCenter" 的 "Plant Process.dwg" 文件。使用鼠标中键，对图纸进行放大、缩小、平移等操作，以及将图形最大化显示在绘图区域。

2. 使用鼠标左键选择 "Plant Process.dwg" 文件的"高压锅"和"风箱"图块。

3. 在课堂练习 2 的基础上，使用鼠标右键，删除"高压锅"和"风箱"图块。

任务 5　对象的选取方式

▉ 任务目标

1. 掌握 AutoCAD 2020 直接选取、窗口选取、交叉选取、栏选、全部选择、快速选择等操作。

2. 掌握 AutoCAD 2020 从选择集中添加或剔除对象。

▉ 素质目标

1. 培养学生的自学能力。

2. 培养组员之间的团队协作与沟通。

3. 培养学生良好的文明使用计算机的习惯，培养学生的纪律意识。

1. 安装 AutoCAD 软件。

2. 熟悉鼠标的操作。

3. 打开 AutoCAD 安装路径下"\Autodesk\AutoCAD 2020\Sample\zh-cn\DesignCenter"的"Plant Process.dwg"文件。

1. 五人一组，其中一名学生担任组长。使用"Plant Process.dwg"文件，组内学生自学直接选取、全部选择、从选择集中添加或剔除对象等操作。绘图过程中遇到问题，小组内成员互相帮助，解决问题。

2. 教师着重讲解窗口选取、交叉选取、栏选、快速选择及对象夹点编辑等操作。

3. 学生练习对象选取的全部方式。完成后，组内成员互相点评。

5.1　直接选取

直接移动拾取框到被选对象上，单击鼠标左键，可逐个地拾取所需的对象，被选择的对象将亮显，按 Enter 键可结束对象的选择。

5.2　窗口选取

通过指定两个角点确定一个矩形窗口，在窗口内的所有对象都在选中之列，但是与窗口相交的对象不在选中之列。操作时应从左上向右下构建窗口，如图 1-27 所示。

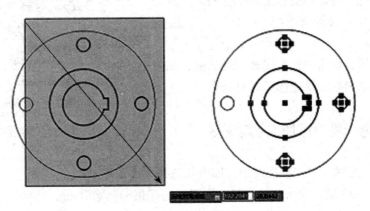

图 1-27　窗口选取

5.3　交叉选取

通过指定两个角点确定一个矩形窗口，与窗口相交的对象和窗口内的所有对象都在选中之列。操作时应从右下向左上构建窗口，如图 1-28 所示。

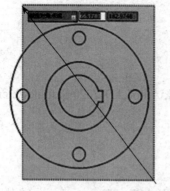
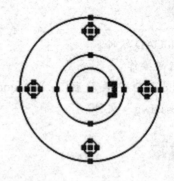

图 1-28 交叉选取

5.4 全部选择

可以将图形中除冻结、锁定层外的所有对象选中。当命令行提示为"选择对象"时，输入 ALL，按 Enter 键或按 Ctrl+A 组合键实现全选。

5.5 快速选择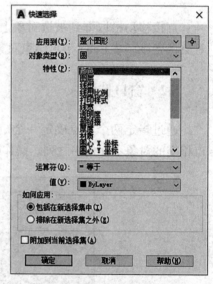

使用快速选择可以根据对象的类型和特性来快速定义选择集。常用以下方法打开"快速选择"对话框：

（1）功能区：单击"默认"选项卡"实用工具"面板中的"快速选择"按钮；

（2）命令行：输入 QSELECT 并按 Enter 键；

（3）菜单栏：执行菜单栏"工具"→"快速选择"命令。

执行命令后，弹出"快速选择"对话框，如图 1-29 所示。通过设定参数，快速选择对象。

图 1-29 "快速选择"对话框

5.6 从选择集中添加或剔除对象

（1）按住 Alt 键，单击被选对象，即可从选择集中添加对象。

（2）按住 Shift 键，单击被选对象，即可从选择集中剔除对象。

5.7 对象夹点编辑

当选择好对象时，对象端点、中点等相应控制点会出现高显蓝色的点，称为夹点，如图 1-30 所示。夹点显示了对象的特征。按 Esc 键或改变视图显示，如缩放、平移视图可取消夹点的选择。

选择要修改的对象，显示出夹点。选择其中一个夹点，此夹点变为红色。如不再指定"基点"，所选点作为基点。选择了对象的夹点，就可以利用夹点对对象进行"拉伸""移动""旋转""比例缩放"和"镜像"等编辑，按 Enter 键或空格键来循环浏览上述各种编辑模式，如图 1-31 所示。

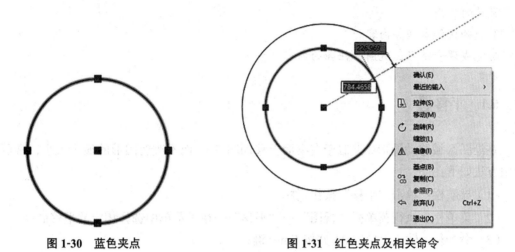

图 1-30　蓝色夹点　　　　　　　图 1-31　红色夹点及相关命令

课堂练习

1. 讨论交叉选取和窗口选取两者的区别。
2. 讨论对象夹点编辑中，蓝色夹点和红色夹点的区别。

任务6　图形显示命令

任务目标

1. 掌握 AutoCAD 2020 图形平移功能。
2. 掌握 AutoCAD 2020 图形缩放功能。

素质目标

1. 培养组员之间的沟通能力及善于观察的能力。
2. 培养学生良好的文明使用计算机的习惯，培养学生的纪律意识。

任务准备

1. 安装 AutoCAD 软件。
2. 预习本任务内容。

1. 五人一组，其中一名学生担任组长。

2. 自行使用"平移"和"缩放"命令查看图纸。小组内成员结合操作结果，讨论缩放各子菜单的作用。

3. 教师讲解本任务内容。

4. 完成课堂练习，巩固本任务的内容。

6.1　平移

在绘图区域移动图形（类似于在桌面上移动图纸），而不改变图形的显示大小，常用的调用方法如下：

（1）导航栏：单击"平移"按钮；

（2）菜单栏：执行菜单栏"视图"→"平移"→在子菜单中选择相应的平移命令；

（3）命令行：输入 PAN（P）并按 Enter 键；

（4）按住鼠标中键的同时移动鼠标。

6.2　缩放

增大或减小图形对象在视窗中的显示比例，实现既能观察局部细节，又能观看图形全貌。常用的调用方法如下：

（1）导航栏："缩放"下拉菜单中选择相应选项，如图 1-32 所示；

（2）菜单栏：执行菜单栏"视图"→"缩放"→在子菜单中选择相应的缩放命令；

（3）命令行：输入 ZOOM 或 Z 并按 Enter 键；

（4）通过鼠标组合平移和缩放。将鼠标光标定位到要居中区域的外部，滚动鼠标滚轮进行缩放，如图 1-33 所示。

图 1-32　"缩放"选项

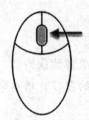

滚动滚轮来放大或缩小时，光标位置将保持不变

双击滚轮可以缩放到图形中的对象范围

图 1-33　鼠标操作（缩放）

1.（选择题）AutoCAD 的中 ZOOM（缩放）的简写命令为（　　）。

　　A. M　　　　　　　　B. Z　　　　　　　　C. ZO　　　　　　　　D. O

2.（判断题）缩放命令"ZOOM"和缩放命令"SCALE"都可以调整对象的大小，因此可以互换使用。（　　）

任务 7　坐标系与坐标值

任务目标

1. 掌握 AutoCAD 2020 用户坐标系。
2. 掌握 AutoCAD 2020 移动和旋转用户坐标系的操作与使用。

素质目标

1. 培养组员之间的团队协作与沟通能力。
2. 鼓励学生在操作中追求精益求精，培养工匠精神。
3. 培养学生良好的文明使用计算机的习惯，培养学生的纪律意识。

任务准备

1. 安装 AutoCAD 软件。
2. 了解 AutoCAD 操作界面。

任务组织

1. 五人一组，其中一名学生担任组长。
2. 学生先独立完成相关操作练习。绘图过程中遇到问题，小组内成员互相帮助，解决问题。
3. 完成后，组内成员互相点评。
4. 每组完成后，教师对各组进行点评和补充。
5. 完成课后练习。

在 AutoCAD 中，绘制的图形都是线、面和文字等绘图要素的集合。坐标系是为了能够使这些绘图要素的位置、大小和方向等得到精确的定位。坐标系可分为世界坐标系（WCS）和用户坐标系（UCS）。在默认情况下，绘制新图形时，当前坐标系为世界坐标系（WCS）。

27

7.1 坐标系

1. 世界坐标系

世界坐标系（WCS）是 AutoCAD 的基本坐标系，也是系统默认的坐标系。世界坐标系由 3 个相互垂直的坐标轴组成，屏幕平面内水平向右为 X 轴正方向，屏幕平面内垂直向上为 Y 轴正方向，垂直于屏幕平面指向使用者的方向为 Z 轴正方向，3 个坐标轴的交点为坐标系的坐标原点。在世界坐标系下绘图时，世界坐标系的坐标原点和坐标轴的方向保持恒定不变。

2. 用户坐标系

用户坐标系（UCS）是 AutoCAD 中的可变坐标系，该坐标系的坐标原点和坐标轴的方向可以根据用户的具体需要而改变。默认情况下，世界坐标系和用户坐标系互相重合，可以在绘图过程中根据需要定义用户坐标系，用如图 1-34 所示的用户坐标系创建各种用户坐标系。

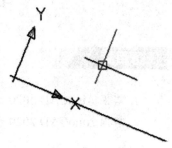

图 1-34　用户坐标系

3. 绝对坐标系

以坐标原点（0，0，0）为基点来定位其他所有点。用户可以通过输入（x，y，z）坐标来确定一个点在坐标系中的位置。x 值表示此点在 X 轴方向到原点间的距离；y 值表示此点在 Y 轴方向到原点间的距离；z 值表示此点在 Z 轴方向到原点间的距离，如图 1-35 所示。

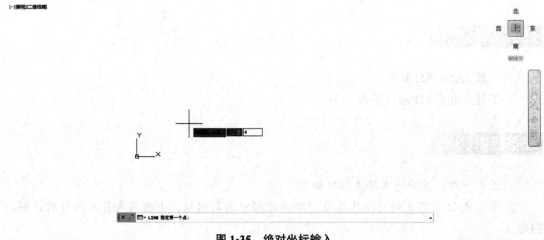

图 1-35　绝对坐标输入

绝对坐标又可分为绝对直角坐标和绝对极坐标。

4. 相对坐标系

相对坐标是以某点相对于参考点的相对位置来定义该点的位置。向 X 轴正向偏移，其水平偏移量为正值；向 Y 轴正向偏移，其垂直偏移量为正值；反之，则为负值，如图 1-36 所示。它的表示方法是绝对坐标表达式前加 @ 号，如 "@120，60" "@120<60" 等。

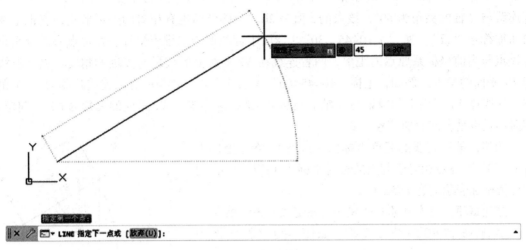

图 1-36　相对坐标系

5. 极坐标系

使用相对于前一个点的距离值和极轴角来表示当前点的位置。默认极轴角从 X 轴正向出发逆时针转到该坐标点，其角度为正；从 X 轴正向出发顺时针转到该坐标点，其角度为负值，如图 1-37 所示。键盘输入点 C 坐标：5<-30，角度为从 X 轴正向出发，顺时针转至点 C，其极轴角为负值。

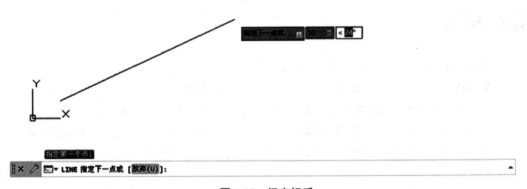

图 1-37　极坐标系

7.2　坐标值

坐标值的表示与输入方法，AutoCAD 中提供了三种形式的三维坐标表示法，即三维笛卡尔坐标、圆柱坐标和球面坐标。三维笛卡尔坐标：三维笛卡尔坐标的绝对形式都比较熟悉，即 "x，y，z"。如果基于前一个点输入，则要使用相对坐标形式，即在坐标差前加符号 "@"，如 "@Δx，Δy，Δz"。圆柱坐标是在二维极坐标表示的基础上又增加 Z 坐标值。

例如，坐标"10<60，20"表示某点在 XY 平面上投影点与原点的连线长度为 10 个单位且该连线与 X 轴的夹角为 60°，该点的 z 值为 20。圆柱坐标也有相对的坐标形式，它也是在前面加符号"@"，如"@10<45，30"。球面坐标类似于二维极坐标。在定点时需分别指定该点与当前坐标系原点的距离，两者连线在 XY 平面上的投影与 X 轴的角度，以及连线与 XY 平面的角度。例如，坐标"10<45<60"表示一个点，它与原点的连线长度为 10 个单位，连线在 XY 平面上的投影与 X 轴的夹角为 45°，该连线与 XY 平面的夹角为 60°。同样，相对形式也是在前面加符号"@"。

例如，某一直线的起点坐标为（5，5）、终点坐标为（10，5），则终点相对于起点的相对坐标为（@5，0），用相对极坐标表示应为（@5<0）。

注意事项：所有符号与数字必须在英文状态下输入。

绘制 AB 和 BC 两条直线段，如图 1-38 坐标实例图所示：

（1）在命令行输入："LINE"，按 Enter 键（激活直线命令）。

（2）命令行提示：

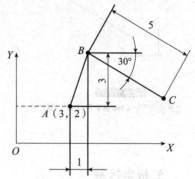

图 1-38 坐标实例图

指定第一个点：3，2（输入点 A 绝对坐标：3，2）

指定下一点或［放弃（U）］：@1，3（输入点 B 相对坐标：@1，3）

指定下一点或［放弃（U）］：@5<-30（输入点 C 极坐标：@5<-30）

指定下一点或［闭合（C）/放弃（U）］：（按 Enter 键，表示结束，完成图纸的绘制）

📖 课堂练习

1. AutoCAD 中，世界坐标系的英文缩写是（　　　）。

　　A. WPS 　　　　　　B. WCS 　　　　　　C. RPS 　　　　　　D. UCS

2. 以下表示离当前点 20 单位远，40 度方向角的坐标位置输入正确的是（　　　）。

　　A. 20<40 　　　　　B. 20<@40 　　　　　C. 20，40 　　　　　D. @20<40

3. 当需要输入某个点的坐标，下列坐标（　　　）是绝对直角坐标表达方式；（　　　）是相对极坐标表达方式。

　　A. @15<25 　　　　B. 15<25 　　　　　C. @15，25 　　　　D. 15，25

💡 课后练习

1. CAD 的英文全称是（　　　）。

　　A. Computer Aided Drawing 　　　　　　　B. Computer Aided Design

　　C. Computer Aided Graphics 　　　　　　　D. Computer Aided Plan

2. 在 AutoCAD 中撤销或中断一个命令可以用（　　　）方法。

　　A. Ctrl+O 键 　　　　B. Ctrl+P 键 　　　　C. Esc 　　　　　D. Ctrl+C 键

3. （多选题）在绘图区域，使图形缩放至绘图范围可以（　　）操作。

    A. 在绘图区域双击鼠标的左键　　　　　　B. 在绘图区域双击鼠标的中键

    C. 在绘图区域单击鼠标的中键　　　　　　D. 用 ZOOM 命令的 E 选项

4. （判断题）缩放（ZOOM）命令在执行过程中改变了图形的绝对坐标，也改变了图形区中视图的大小。（　　）

5. （判断题）当执行实时缩放命令时，可以无限地放大或缩小当前图形。（　　）

6. （判断题）平移（PAN）命令会改变图形的坐标。（　　）

7. （多选题）要绘制水平和垂直线可以（　　）。

    A. 打开正交追踪

    B. 打开极轴追踪，并将角度设置为"90"

    C. 精确画线，使用坐标

    D. 目测

8. （判断题）在运行对象捕捉模式下，仅可以设置一种对象捕捉模式。（　　）

9. 用直线命令绘一条 100 单位长的垂直线段，已知第一点的坐标为（0，0），则下一点的坐标输入正确的是（　　）。

    A. @100，0　　　　　B. 100，0　　　　　C. @100<100　　　　　D. @100<90

模块 2

基本绘图命令

在 AutoCAD 中，二维图形对象都是由一些基本的二维图形组成的。其中包括了绘制点、直线、矩形、圆和圆弧等，只有很好地掌握这些基本图形的绘制方法，才能绘制出各种复杂的图形对象。本模块重点内容：

（1）AutoCAD 中绘制二维图形对象的基本方法；

（2）绘制点、直线、矩形、射线、构造线的方法；

（3）绘制圆、圆弧、圆环的方法。

任务 1　直线几何图形

任务目标

掌握各直线几何图形绘图命令的操作方法。

素质目标

培养学生吃苦耐劳的工作精神。

任务准备

1. 安装 AutoCAD 软件。

2. 下载"模块 2 基本绘图 .dwg"视频。

任务组织

1. 五人一组，其中一名同学担任组长。课前观看视频，讨论如何使用绘图命令绘制任务 1 中的图形。

2. 各同学先按 1 : 1 的比例独立完成任务内例图及课堂练习的绘制，不标注尺寸和文字。绘图过程中如遇到问题，由组内互助解决。图形绘制完成后，组内成员互相点评。

3. 完成后，由教师作点评和补充。

1.1 直线

使用"直线"命令，绘制 A3 图框，如图 2-1 所示，无须标注尺寸。

"直线"（LINE）命令功能：命令可以创建一系列连续的直线段。每条线段都是可以单独进行编辑的直线对象。

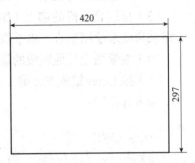

图 2-1 绘制 A3 图纸练习

"直线"命令常用的调用方法如下：

（1）功能区：单击"默认"选项卡"绘图"面板中的"直线"按钮╱；

（2）工具栏：单击"绘图"工具栏中的╱工具按钮；

（3）命令行：输入 LINE（快捷命令 L）并按 Enter 键。

使用"直线"（LINE）命令后可以通过以下方法进行直线的绘制。

1. 绘制角度线

绘制与水平方向成 45° 直线的操作步骤如下：

（1）指定第一点：选择已画直线的端点，并输入"<45"，即指定和水平方向夹角为 45°，其他角度线操作相同。

（2）指定下一点：输入直线的长度或终点，按 Enter 键结束命令。

2. 使用特定坐标

使用"直线"（LINE）命令后可通过依次输入 X 值、逗号和 Y 值，如（125，250），以输入的第一个点定位坐标值。按空格键或 Enter 键以结束操作。

3. 使用相对坐标

先任意指定第一点，要相对于第一个点指定第二个点，可以执行以下操作：

（1）如果"动态输入"已启用：依次输入 X 值、逗号和 Y 值，如（0，0）；

（2）如果"动态输入"已禁用，则依次输入"@"符号、X 值、逗号和 Y 值，如（@4.25，5.75）。

（3）按空格键或 Enter 键以结束操作。

4. 特定长度

操作步骤如下：

（1）指定起点。

（2）执行以下操作之一以指定长度。

1）移动鼠标光标以指示方向和角度，然后输入长度，如"7.5"；

2）依次输入"@"符号及长度、左尖括号（<）及角度，如（@7.5<45）；

（3）按空格键或 Enter 键以结束操作。

用相对坐标的方法绘制 A3 图纸图框。操作步骤如下：

（1）激活"直线"命令。

（2）设置直线的起点。单击点位置，还可以输入坐标。

（3）指定直线段的端点（如果开启了"极轴追踪"，则可根据鼠标光标移动限制为指定的极轴角度来绘制垂直、水平线）。

（4）继续指定其他线段的端点。

（5）按 Enter 键或 Esc 键（完成时）结束绘制，或者输入"C"使一系列线段闭合。

命令行提示：

```
命令：LINE
指定第一点［放弃（U）］：0，0
指定下一点［放弃（U）］：@420，0
指定下一点［放弃（U）］：@297<90
指定下一点［放弃（U）］：@-420，0
指定下一点［放弃（U）］：C（输入 C 使一系列线段闭合）
```

📖 课堂练习

绘制楼梯的折断线，如图 2-2 所示。

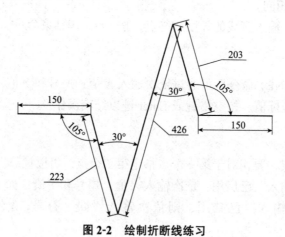

图 2-2　绘制折断线练习

1.2　多段线

使用"多段线"命令，绘制如图 2-3 所示的图形，无须标注尺寸。

"多段线"命令功能：多段线（PLINE）是作为单个对象创建的相互连接的序列直线段。

虽然直线（LINE）可以绘制多段连续的直线，但它们都是独立的图形。多段线可以是直线与曲线（如弧线）的联合体。即多段线可以创建直线段、圆弧段或两者的组合线段。

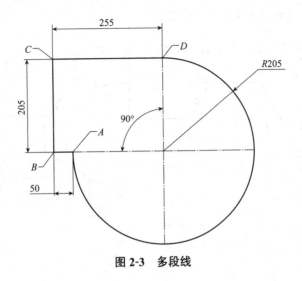

图 2-3　多段线

常用的调用方法如下：

（1）功能区：单击"默认"选项卡"绘图"面板中的"多段线"按钮⊃；

（2）工具栏：单击"绘图"工具栏中的"多段线"工具⊃；

（3）命令行：输入 PLINE（快捷命令 PL）并按 Enter 键。

绘制多段线的操作步骤如下：

（1）激活"多段线"命令。

（2）命令行提示：

> 命令：_PLINE
>
> 指定起点：（如图 2-3 的 A 点）
>
> 当前线宽为 0.000 0
>
> 指定下一个点或 [圆弧（A）/半宽（H）/长度（L）/放弃（U）/宽度（W）]：50（绘制图 2-3 的 B 点）
>
> 指定下一点或 [圆弧（A）/闭合（C）/半宽（H）/长度（L）/放弃（U）/宽度（W）]：205（绘制图 2-3 的 C 点）
>
> 指定下一点或 [圆弧（A）/闭合（C）/半宽（H）/长度（L）/放弃（U）/宽度（W）]：255（绘制图 2-3 的 D 点）
>
> 指定下一点或 [圆弧（A）/闭合（C）/半宽（H）/长度（L）/放弃（U）/宽度（W）]：A（选择"圆弧"命令）
>
> 指定圆弧的端点（选中图 2-3 的 A 点作为圆弧的端点）

注：多段线除与直线和圆弧段绘制相关的参数外，还有宽度、半宽参数，这是多段线特有的参数，利用宽度参数可以控制多段线的显示和打印宽度，每条线段起点和终点可以设置不同的宽度，因此用多段线还可以绘制出箭头、多边形等效果。

运用多段线命令绘制图 2-4 所示的图形。

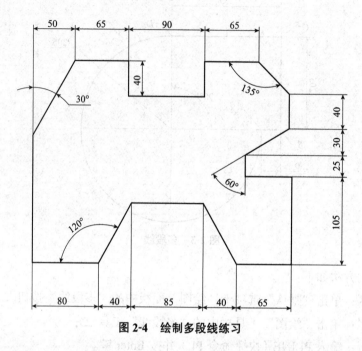

图 2-4　绘制多段线练习

1.3　构造线

构造线也称为参照线，为其他对象使用创建无限长的构造线作为参照，对于创建构造线和参照线及修剪边界十分有用。其快捷命令是 XLINE。

常用的调用方法如下：

（1）功能区：单击"默认"选项卡"绘图"面板中的"构造线"按钮 ；

（2）工具栏：单击"绘图"工具栏中的"构造线"按钮工具 ；

（3）命令行：输入 XLINE（XL）并按 Enter 键。

通过指定两点创建构造线的操作步骤如下：

（1）激活"构造线"命令。

（2）指定一个点以定义构造线的根。

（3）指定第二个点，即构造线要经过的点。

（4）根据需要继续指定构造线。所有后续参照线都经过第一个指定点。

（5）按 Enter 键结束命令。

命令行提示：

命令：_XLINE

指定点或［水平（H）/垂直（V）/角度（A）/二等分（B）/偏移（O）］：（指定一个点以定义构造线的根）

指定通过点：（指定构造线要经过的点）

为"模块 2 基本绘图 .dwg"文件添加水平构造线。

1.4 点 ∴

在 AutoCAD 绘制图形中，点是构成图形最简单的几何元素，它在平面中线性连续的集合构成线，即线是由无数个连续的点构成。在 AutoCAD 2020 中，点对象可用作捕捉和偏移对象的节点或参考点。可以通过单点、多点、定数等分和定距等分 4 种方法创建点对象。单击"默认"选项卡"绘图"下拉菜单中的"多点"按钮 ∴，指定点的位置创建点对象。

默认情况下，AutoCAD 给出的是小圆点样式。小圆点在显示器上，通常只显示为一个像素点，这对准确拾取点的位置带来一定的困难。为了使像素点更明显，可执行菜单栏"格式"→"点样式"命令，在"点样式"对话框中选择一种点样式。改变对话框上"点大小"右侧文本框的数值，相对于屏幕或按绝对单位指定一个大小，可以改变点样式的大小。设定点样式和大小，如图 2-5 所示。

1. 绘制单点

"点"命令常用的调用方法：

命令行：输入 POINT（快捷命令 PO）并按 Enter 键。

POINT 命令用于在指定位置绘制单个点。

操作步骤如下：

（1）激活"点"命令。

（2）指定点：输入点的坐标或在屏幕适当位置单击。

（3）执行结果：在指定位置绘制了一个点，此时命令行将回到命令状态。

（4）执行一次绘制单点命令，只能绘制一个点。

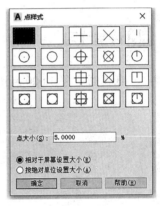

图 2-5 "点样式"对话框

2. 绘制多点

执行一次绘制多点命令，可以连续绘制点。

常用的调用方法如下：

（1）功能区：单击"默认"选项卡"绘图"面板下拉列表中的"点"按钮 ∴；

（2）工具栏：单击"绘图"工具栏中的"点"按钮 ∴。

操作步骤如下：

（1）激活"点"命令。

（2）指定点：输入点的坐标或在屏幕适当位置单击。

（3）执行结果：在指定位置绘制了一个点，此时命令行状态不变，可以继续绘制点。

3. 定数等分点（DIVIDE）

"定数等分"（DIVIDE）命令用于等分一个选定的实体，并在等分点处设置点标记符号或图，创建沿对象的长度或周长等间隔排列的点对象或块。使用"定数等分"命令，将

图 2-6 中的长 1 000 mm 的线段进行 5 等分。

常用的调用方法如下：

（1）功能区：单击"默认"选项卡"绘图"面板下拉列表中的"定数等分"按钮 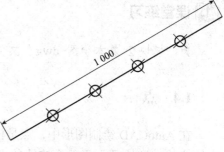；

（2）命令行：输入 DIVIDE（快捷命令 DIV）并按 Enter 键。

操作步骤如下：

（1）选择要定数等分的对象。

（2）输入等分数目。

（3）按 Enter 键结束命令。

命令行提示：

图 2-6　DIVIDE（定数等分）

命令：DIVIDE

选择要定数等分的对象：

输入线段数目或［块（B)]：5（把线段 5 等分)

课堂练习

任意画一条 1 000 mm 长的线段，将其 4 等分，如图 2-7 所示。

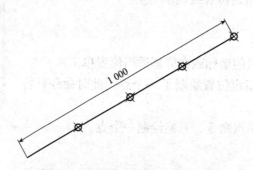

图 2-7　DIVIDE（定数等分）练习

4. 定距等分点（MEASURE）

"定距等分"（MEASURE）命令能在选定的实体上按指定间距放置点标记符号或图块，沿对象的长度或周长按测定间隔创建点对象或块，如图 2-8 所示。

常用的调用方法如下：

（1）功能区：单击"默认"选项卡"绘图"面板下拉列表中的"定距等分"按钮 ；

（2）命令行：输入 MEASURE 并按 Enter 键。

操作步骤如下：

（1）绘制任意直线。

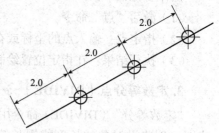

图 2-8　MEASURE（定距等分）

（2）选择要定距等分的直线对象。

（3）输入指定间隔"2"，从最靠近用于选择对象的点的端点处开始放置。

（4）按 Enter 键结束命令。

命令行提示：

> 命令：_MEASURE
>
> 选择要定距等分的对象：（选择要沿其添加点对象或块的参照对象）
>
> 指定线段长度或［块（B）］：2（间隔2，沿选定对象按指定间隔放置点对象，从最靠近用于选择对象的点的端点处开始放置）

课堂练习

画一条长 1 000 mm 的线段，按 300 mm 的距离，使用定距等分命令，将其等分。

任务2 多段线对象

任务目标

掌握各多段线对象基本绘图命令的操作方法。

素质目标

1.培养制订并实施工作计划的能力、团队合作与交流的能力。

2.培养学生良好的职业道德和职业情感，提高学生适应职业变化的能力。

任务准备

安装 AutoCAD 软件。

任务组织

1.五人一组，其中一名学生担任组长。课前复习前面章节所述的绘图命令，然后观看视频，讨论如何使用绘图命令绘制任务2中的图形。

2.学生先按 1∶1 的比例独立完成任务内例图及课堂练习的绘制，不标注尺寸和文字。绘图过程中如碰到问题，由组内互助解决。图形绘制完成后，组内成员互相点评。

3.完成后，由教师作点评和补充。

2.1 多线

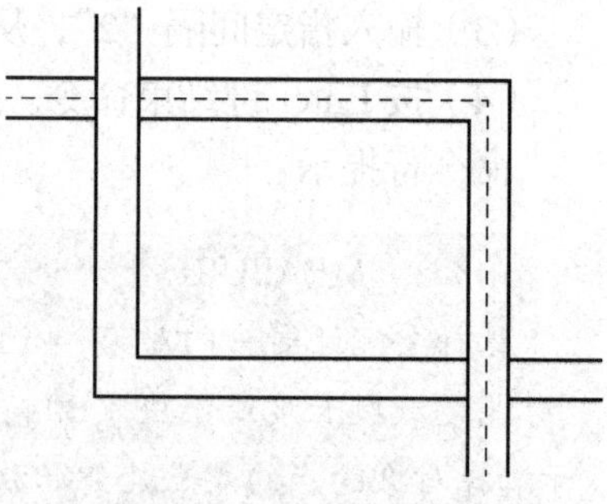

使用"多线"命令绘制图 2-9 所示的"两段线"部分。

"多线"命令功能：由多条平行线组成，MLINE（命令）可以创建多条平行线。绘制多行时，可以使用包含两条平行线的 STANDARD 样式，也可以指定一个以前创建的样式。开始绘制之前，可以更改多行的对正和比例。

常用的调用方法如下：

（1）菜单栏：执行菜单栏"绘图"→"多线" 命令；

图 2-9　多线与十字交线

（2）命令行：输入 MLINE（快捷命令 ML）并按 Enter 键。

操作步骤如下：

（1）激活"多线"命令。

（2）指定多线的起点。

（3）指定第一条线段的端点（如果开启了极轴追踪，则可根据光标移动限制为指定的极轴角度来绘制垂直、水平线）。

（4）根据需要继续指定线段端点。

（5）按 Enter 键结束，或者输入"C"使多段线闭合。

命令行提示：

命令：MLINE

当前设置：对正 = 上，比例 = 20.00，样式 = STANDARD

指定起点或 [对正（J）/ 比例（S）/ 样式（ST）]：（在命令提示下，输入"ST"，选择一种样式，"ST"默认表示 STANDARD。要列出可用样式，输入样式名称或输入"?"。要对正多线，输入"J"并选择上对正、无对正或下对正。要更改多线的比例，输入"S"并输入新的比例。开始绘制多线）

指定下一点：（用当前多线样式绘制到指定点的多线线段，然后继续提示输入点）

指定下一点或 [放弃（U）]：（放弃多线上的上一个顶点）

指定下一点或 [闭合（C）/ 放弃（U）]：（如果用两条或两条以上的线段创建多线，则提示将包含"闭合"选项。通过将最后一条线段与第一条线段相接合来闭合多线）

指定其他点或按 Enter 键。如果指定了三个或三个以上的点，可以输入"C"来自动闭合多线。

选项说明如下：

（1）对正：可以改变对正方式。多行对正确定将在光标的哪一侧绘制多行，或者是否位于光标的中心上。

（2）比例：可改变多线的比例。多行比例用来控制多行的全局宽度（使用当前单位）。多行比例不影响线型比例。如果要更改多行比例，可能需要对线型比例做相应的更改，以防点或虚线的尺寸不正确。

（3）样式：可以通过输入多线样式的名称来指定多线的样式。

提示： 若要以上次绘制的多段线的端点为起点绘制一条多段线，再次启动该命令，然后在出现"指定起点"提示后按 Enter 键。

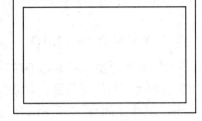

课堂练习

使用"多线"命令绘制一段闭合的双线框，尺寸自定义，如图 2-10 所示。

图 2-10　双线框

开始绘制多线之前，可以更改样式并进行编辑。

1. 多线样式（MLSTYLE）

执行菜单栏"格式"→"多线样式" ✎ 命令或在命令行输入"MLSTYLE"均可打开"多线样式"对话框，单击对话框中"新建"按钮，激活"创建新的多线样式"对话框。在该对话框中输入新样式名——墙体，单击"继续"按钮，出现"新建多线样式：墙体"对话框，如图 2-11 所示。单击"添加"按钮，可在默认的双线样式中添加一条直线，修改"线型"，可修改新增直线的样式，如虚线、点虚线等。

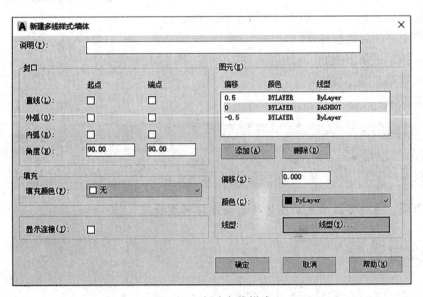

图 2-11　新建多线样式

使用"多线样式"命令新增图 2-9 所示的"实 – 虚 – 实"三线样式。操作步骤如下：

（1）在命令提示下，输入"MLSTYLE"。

（2）在"多线样式"对话框中，单击"新建"，输入多线样式的名称并选择开始绘制的多线样式。

（3）在图 2-11 所示的"新建多线样式"对话框中，选择多线样式的参数。单击"添加"按钮，为双线样式内部新增一条线，并将线型设置为 DASHDOT（细点画线），并单击"确定"按钮。

（4）在"多线样式"对话框中，单击"保存"按钮将多线样式保存到文件。

📖 课堂练习

使用"多线"命令绘制图2-9所示的"实－虚－实"三线线段。

2. 多线编辑（MLEDIT）

在命令行输入"MLEDIT"或双击多线，弹出"多线编辑工具"对话框，对话框中提供了多列工具，分别为"十字闭合""T形闭合""角点结合""单个剪切"等。使用"多线编辑"工具处理图2-9所示的双线、三线交叉处重叠的样式。

操作方法如下：

（1）命令行输入"MLEDIT"，弹出图2-12所示的"多线编辑工具"对话框。该对话框将显示工具，并以四列显示样例图像。第一列控制交叉的多线，第二列控制T形相交的多线，第三列控制角点结合和顶点，第四列控制多线中的打断。

图2-12 "多线编辑工具"对话框

（2）选择所需的工具。如图2-9所示的双线、三线交叉处的十字闭合连接样式。

（3）选择第一条多线。

（4）选择第二条多线。

命令行提示：

命令：MLEDIT
选择第一条多线或[放弃（U）]：
选择第二条多线：

注意事项：选择多线的先后顺序将影响连接样式效果。

📖 课堂练习

绘制图2-13所示的墙体，尺寸自拟。

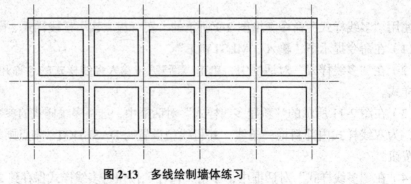

图2-13 多线绘制墙体练习

2.2 正多边形

绘制如图 2-14（a）所示边长为 100 mm 的六边形。

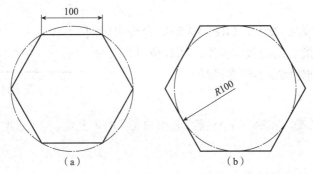

图 2-14 绘制多边形

"多边形"命令功能：创建等边闭合多段线，可以指定多边形的边数，还可以指定内接还是外切。

"多边形"命令常用的调用方法如下：

（1）功能区：单击"默认"选项卡"绘图"面板中的"多边形"按钮。

（2）工具栏：单击"绘图"工具栏中的"多边形"按钮。

（3）命令行：输入 POLYGON（快捷命令 POL）并按 Enter 键。

操作步骤如下：

（1）激活"多边形"命令。

（2）指定多边形的边数：6。

（3）指定多边形的中心点的位置，以及新对象是内接还是外切，选择内接于圆。

（4）指定外接圆的半径为 100 mm，正多边形的所有顶点都在此圆周上。

（5）用定点设备指定半径，决定正多边形的旋转角度和尺寸。指定半径值将以当前捕捉旋转角度绘制正多边形的底边。

绘制如图 2-14（b）所示的外切于半径为 100 mm 的圆的六边形，执行多边形命令。

命令行提示：

命令：_POLYGON

输入侧面数 <4>: 6（指定多边形的边数）

指定正多边形的中心点或 [边（E）]:（指定多边形的中心点的位置）

输入选项 [内接于圆（I）/外切于圆（C）]<I>: I（内接于圆：指定外接圆的半径，正多边形的所有顶点都在此圆周上。外切于圆：指定从正多边形圆心到各边中点的距离）

指定圆的半径：100（用定点设备指定半径，决定正多边形的旋转角度和尺寸。指定半径值将以当前捕捉旋转角度绘制正多边形的底边）

📖 课堂练习

绘制如图 2-14 所示外切于半径 100 mm 的圆的六边形。

2.3 矩形 □

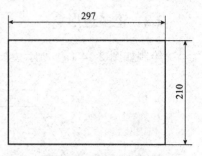

图 2-15 绘制 A4 图框

绘制如图 2-15 所示宽 297 mm×高 210 mm 的矩形，形成一个 A4 图框。

"矩形"命令功能："矩形"（RECTANG）命令可以创建矩形多段线。从指定的参数（例如，其对角点、尺寸、面积和角点类型）创建闭合矩形多段线。

命令行提示：

> 指定第一个角点或［倒角（C）/标高（E）/圆角（F）/厚度（T）/宽度（W）］：（指定点或输入选项）

"矩形"命令常用的调用方法如下：

（1）功能区：单击"默认"选项卡"绘图"面板中的"矩形"按钮 □。

（2）工具栏：单击"绘图"工具栏中的 □ 工具按钮。

（3）命令行：输入 RECTANG（快捷命令 REC）并按 Enter 键。

操作步骤如下：

（1）激活"矩形"命令。

（2）指定矩形第一个角点的位置。

（3）指定矩形其他角点的位置。

如果按长度和宽度来绘制矩形：

（1）指定矩形第一个角点的位置。

（2）输入"D"表示尺寸。

（3）输入"R"表示旋转。

（4）输入"P"以拾取两个点来定义旋转角度。

命令行提示：

> 命令：_RECTANG
> 指定第一个角点或［倒角（C）/标高（E）/圆角（F）/厚度（T）/宽度（W）］：（单击任意点）
> 指定另一个角点或［面积（A）/尺寸（D）/旋转（R）］：@297，210

📖 课堂练习

综合运用所学工具绘制图 2-16 所示的风管消声器图例。

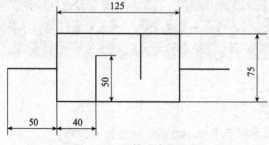

图 2-16 风管消声器图例

任务 3　曲线对象

1. 五人一组，其中一名学生担任组长。课前复习前面章节所述的绘图命令，然后观看视频，讨论如何使用绘图命令绘制任务 3 中的图形。

2. 学生先按 1∶1 的比例独立完成任务内例图及课堂练习的绘制，不标注尺寸和文字。绘图过程中如碰到问题，由组内互助解决。图形绘制完成后，组内成员互相点评。

3. 完成后，由教师作点评和补充。

3.1　圆 ⊘

使用"圆"命令绘制如图 2-17 所示的图形，无须标注尺寸。

"圆"命令功能：创建圆。要创建圆，可以指定圆心、半径、直径、圆周上或其他对象上的点的不同组合。

1. 通过圆心和半径或直径绘制圆

常用的调用方法如下：

（1）功能区：单击"默认"选项卡"绘图"面板"圆"下拉列表中的"圆心，半径"按钮 ⊘ 或单击"默认"选项卡"绘图"面板"圆"下拉列表中的"圆心，直径"按钮 ⊘；

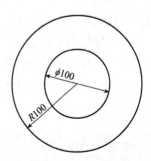

图 2-17　"圆心，半径"或"圆心，直径"

（2）工具栏：单击"绘图"工具栏中的"圆"按钮⊙；

（3）命令行：输入 CIRCLE（快捷命令 C）并按 Enter 键。

通过圆心和半径或直径绘制圆是用于绘制圆的默认方法。可执行以下操作：

（1）激活"圆"命令。

（2）指定圆心。

（3）指定半径或直径。

命令行提示：

命令：CIRCLE

指定圆的圆心或 [三点（3P）/两点（2P）/切点、切点、半径（T）]：（单击任意点）

指定圆的半径或 [直径（D）]：D（直径）

指定圆的直径：100（直径为 100）

命令：CIRCLE（再次激活圆命令）

指定圆的圆心或 [三点（3P）/两点（2P）/切点、切点、半径（T）]：（单击任意点）

指定圆的半径或 [直径（D）]<50>：100（半径为 100）

📖 课堂练习

通过圆心和半径或直径绘制 $R70$ 和 $\phi80$ 的圆。

2. 创建与两个对象相切的圆

基于指定半径和两个相切对象创建圆。切点是指一个对象与另一个对象接触而不相交的点。绘制如图 2-18 所示的与两条垂直线相切的半径为 100 mm 的圆。

操作步骤如下：

（1）单击"默认"选项卡"绘图"执行面板"圆"下拉列表中的"相切，相切，半径"按钮⊙或执行菜单栏"绘图"→"圆"→"相切，相切，半径"命令。此命令将启动"切点"对象捕捉模式。有时会有多个圆符合指定的条件。程序将绘制具有指定半径的圆，其切点与选定点的距离最近。

（2）选择与要绘制的圆相切的第一个对象，选择垂直线。

（3）选择与要绘制的圆相切的第二个对象，选择水平线。

（4）指定圆的半径 100 mm。

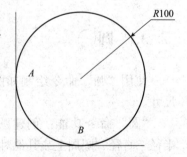

图 2-18 使用切点画圆

命令行提示：

命令：_CIRCLE

指定圆的圆心或 [三点（3P）/两点（2P）/切点、切点、半径（T）]：_ttr

指定对象与圆的第一个切点：（图 2-18 的 A 点）

指定对象与圆的第二个切点：（图 2-18 的 B 点）
指定圆的半径 <100.000 0>：（指定圆的半径）

📖 **课堂练习**

使用直线或多段线工具绘制一个正方形，并使用"相切，相切，相切"命令，绘制与正方形相切的圆，如图 2-19 所示。

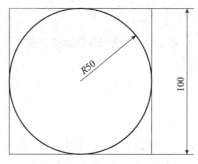

图 2-19 使用切点练习

3. 三点定圆

在数学上，过平面内任意三个不重合且不在同一条直线上的点可作一个唯一确定的圆。AutoCAD 可以基于圆周上的三点创建圆。图 2-20 中的 A、B 和 C 是在三点定圆之前已经绘制的三个实体点。经过点 A、B 和 C 作一个圆。

操作步骤如下：

（1）依次单击"默认"选项卡→"绘图"面板→"圆"下拉菜单→"三点" ◯ ，或单击菜单栏："绘图"→"圆"→"三点"。

（2）依次选中点 A、B 和 C。

（3）系统将自动生成唯一的圆。

命令行提示：

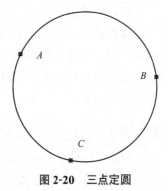

图 2-20 三点定圆

命令：_CIRCLE
指定圆的圆心或 [三点（3P）/两点（2P）/切点、切点、半径（T）]：_3P
指定圆上的第一个点：（选择 A 点）
指定圆上的第二个点：（选择 B 点）
指定圆上的第三个点：（选择 C 点）

📖 **课堂练习**

综合运用所学工具绘制过垂直线的端点的圆，如图 2-21 所示。

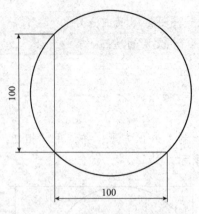

图 2-21 过垂直线的端点作圆

3.2 圆弧

圆弧是图形中重要的实体。要绘制圆弧，可以指定圆心、端点、起点、半径、角度、弦长和方向值的各种组合形式。绘制三个任意点，并创建与三个点对象相切的圆弧，如图 2-22 所示。

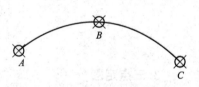

图 2-22 通过指定三点绘制圆弧

操作步骤如下：

（1）单击"默认"选项卡"绘图"面板"圆弧"下拉列表中的"三点"按钮；

（2）命令行输入"ARC"并按 Enter 键。

命令行提示：

命令：_ARC（通过指定三点绘制圆弧）
指定圆弧的起点或 [圆心（C）]：（指定起点 A 点）
指定圆弧的第二个点或 [圆心（C）/端点（E）]：（在圆弧上指定点 B 点）
指定圆弧的端点：（指定端点 C 点）

注意事项：还可以通过使用起点、圆心和端点绘制圆弧，或通过指定起点、圆心、端点绘制圆弧等方式创建圆弧。默认情况下，以逆时针方向绘制圆弧。按住 Ctrl 键的同时拖动鼠标光标，以顺时针方向绘制圆弧。若需要延伸圆弧，使之与上一条直线、圆弧或多段线相切，可在完成圆弧绘制后，出现第一个提示后按 Enter 键，使用切线延伸圆弧、使用相切圆弧延伸圆弧等功能。

📖 课堂练习

综合使用直线、圆、圆弧等工具，绘制如图 2-23 所示的离心风机图例。

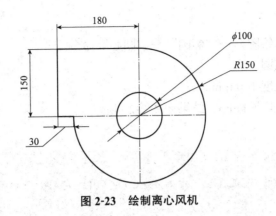

图 2-23   绘制离心风机

3.3   椭圆◯

当绘制椭圆时，其形状由定义其长度和宽度的两个轴决定——主（长）轴和次（短）轴。椭圆上的前两个点确定第一条轴的位置和长度。第三个点确定椭圆的圆心与第二条轴的端点之间的距离。根据已知条件，可用椭圆（ELLIPSE）命令选择多种方式画椭圆，如图 2-24 所示。

"椭圆"命令常用的调用方法：

（1）功能区：单击"默认"选项卡"绘图"面板中的"椭圆"
按钮◯；

（2）工具栏：单击"绘图"工具栏中的椭圆按钮◯；

（3）命令行：输入 ELLIPSE（快捷命令 EL）并按 Enter 键。

1. 使用端点和距离绘制椭圆

操作步骤如下：

（1）激活"椭圆"命令。

（2）指定第一条轴的第一个端点 A。

（3）指定第一条轴的第二个端点 B。

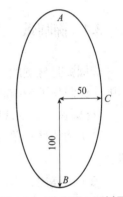

图 2-24   给定圆心画椭圆

（4）从中点拖离定点设备，然后单击以指定第二条轴二分之一长度的距离 C。

命令行提示：

> 命令：_ELLIPSE
> 指定椭圆的轴端点或［圆弧（A）/中心点（C）］：（指定第一条轴的第一个端点 A）
> 指定轴的另一个端点：（指定第一条轴的第二个端点 B）
> 指定另一条半轴长度或［旋转（R）］：（从中点拖离定点设备，然后单击以指定第二条轴二分之一长度的距离 C）

2. 给定圆心画椭圆

使用中心点、第一个轴的端点和第二个轴的长度来创建椭圆。可以通过单击所需距离处的某个位置或输入长度值来指定距离。

操作步骤如下：

（1）执行菜单栏"绘图"→"椭圆"→"圆心"命令。

（2）给定圆心画椭圆。

（3）设定长轴的长度100 mm。

（4）设定短轴的长度50 mm，结果如图2-24所示。

命令行提示：

命令：_ELLIPSE

指定椭圆的轴端点或［圆弧（A）/中心点（C）］：C（给定圆心画椭圆）

指定椭圆的中心点：

指定轴的端点：100（设定长轴的长度100 mm）

指定另一条半轴长度或［旋转（R）］：50（设定短轴的长度50 mm）

📖 课堂练习

绘制长轴为300 mm、短轴为150 mm的椭圆。

3.4 椭圆弧

椭圆弧是椭圆的一部分。通过"椭圆弧"（ELLIPSE）命令使用起点和端点角度绘制椭圆弧，绘制长轴为100 mm、短轴为50 mm、指定角度135°的椭圆弧，如图2-25所示。

"椭圆弧"命令常用的调用方法：

（1）功能区：单击"默认"选项卡"绘图"面板中的"椭圆弧"按钮 ⊙；

（2）工具栏：单击"绘图"工具栏中的"椭圆弧"按钮 ⊙。

操作步骤如下：

（1）激活"椭圆弧"命令，椭圆弧从起点到端点按逆时针方向绘制。

（2）指定第一条轴的端点A。

（3）指定第一条轴的端点B。

（4）指定距离以定义第二条轴的半长。

（5）指定角度起点C。

（6）指定端点D角度135°。

命令行提示：

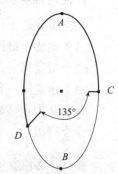

图2-25 画椭圆弧

命令：_ELLIPSE

指定椭圆的轴端点或［圆弧（A）/中心点（C）］：A（使用端点和距离绘制椭圆）

指定椭圆弧的轴端点或［中心点（C）］：（指定第一条轴的端点A）

指定轴的另一个端点：200（指定第一条轴的端点B）

指定另一条半轴长度或［旋转（R）］：50（指定距离以定义第二条轴的半长）

指定起点角度或［参数 (P)］:（指定角度起点 C）

指定端点角度或［参数 (P) / 夹角 (I)］: 135（指定端点 D 角度 135°）

注意事项：第一条轴的角度确定了椭圆弧的角度。第一条轴可以根据其大小定义长轴或短轴。椭圆弧上的前两个点确定第一条轴的位置和长度。第三个点确定椭圆弧的圆心与第二条轴的端点之间的距离。第四个点和第五个点确定起点和端点角度。

📖 **课堂练习**

综合运用所学工具，绘制如图 2-26 所示的坐便器图例，未标注的尺寸自定义。

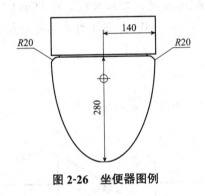

图 2-26　坐便器图例

3.5　圆环 ◎

绘制内径为 50 mm、外径为 100 mm 的圆环，如图 2-27 所示。

"圆环"命令功能：填充环或实体填充圆，即带有宽度的实际闭合多段线。要创建圆环，需要指定内外圆直径和圆心。通过指定不同的中心点，可以继续创建具有相同直径的圆环的多个副本。

"圆环"命令常用的调用方法如下：

（1）功能区：单击"默认"选项卡"绘图"面板中的"圆环"按钮 ◎；

（2）命令行：输入 DONUT（快捷命令 DO）并按 Enter 键。

操作步骤：

（1）激活"圆环"命令。

（2）命令行提示：

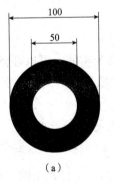

(a)

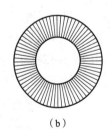

(b)

图 2-27　圆环

(a) 填充模式；(b) 非填充模式

命令：_DONUT

指定圆环的内径 <20.000 0>: 50（指定内直径）

指定圆环的外径 <20.000 0>：100（指定外直径）

指定圆环的中心点或 < 退出 >：（指定圆环的圆心）

指定另一个圆环的中心点，或者按 Enter 键结束命令

注意事项：

（1）可将内径值指定为 0 来创建实体填充圆，如图 2-28 所示的实心圆。

（2）利用"填充"命令，可以控制圆环的填充与否。图 2-28 所示为关闭填充模式时绘制的圆环。

1）AutoCAD 规定系统变量 FILLMODE=0 时，圆环为非填充模式，如图 2-27（b）所示；当 FILLMODE=1 时，圆环为填充模式，如图 2-27（a）所示。

2）命令行输入 FILL 并按 Enter 键，输入模式 [开（ON）/ 关（OFF）]< 关 >：ON，圆环为填充模式，如图 2-27（a）所示；OFF，圆环为非填充模式，如图 2-27（b）所示。

课堂练习

综合运用所学工具绘制如图 2-28 所示的球阀图例。

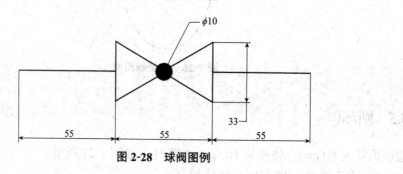

图 2-28　球阀图例

3.6　图案填充

图案填充（HATCH）命令功能：可以在指定的区域内填充指定的图案，可以使用填充图案、纯色填充或渐变色来填充现有对象或封闭区域，也可以创建新的图案填充对象，常用来绘制剖视图或断面图。

"图案填充"命令常用的调用方法如下：

（1）功能区：单击"默认"选项卡"绘图"面板中的"图案填充"按钮。

（2）工具栏：单击"绘图"工具栏中的"图案填充"按钮。

（3）命令行：输入 HATCH（快捷命令 H 或 BH）并按 Enter 键。

操作步骤如下：

（1）通过上述方法，激活"图案填充"命令。在"图案填充"命令处于活动状态后，会切换到"图案填充创建"上下文选项卡。

（2）在"图案填充创建"上下文选项卡"特性"面板"图案填充类型"列表中，选择要使用的图案填充类型。其中可指定的图案类型样式如图 2-29 所示。

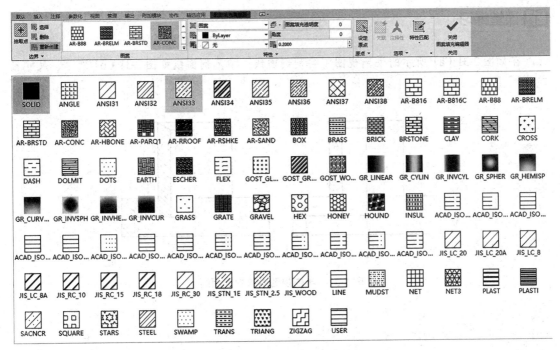

图 2-29 图案填充类型

（3）在"边界"面板中，从多个方法中进行选择以指定图案填充的边界：

1）指定对象封闭区域中的点（根据围绕指定点构成封闭区域的现有对象来确定边界，使用此方法，可在边界内单击以指定区域）。

2）选择封闭区域的对象（根据构成封闭区域的选定对象确定边界，如圆、闭合的多段线，或者一组具有接触和封闭某一区域的端点的对象）。

3）使用 HATCH 绘图选项指定边界点。

4）将填充图案从工具选项板或设计中心拖动到封闭区域。

（4）在"图案"面板中，单击要进行图案填充的区域或对象（选择"AR-CONC"为支座剖面填充混凝土图样，如图 2-30 所示）。

（5）在"特性"面板中，可以更改图案填充类型和颜色，或者修改图案填充的透明度级别、角度或比例。

（6）在展开的"选项"面板中，可以更改绘图顺序以指定图案填充及其边界是显示在其他对象的前面还是后面。

（7）按 Enter 键应用图案填充并退出命令。

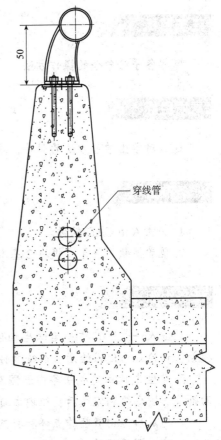

穿线管

图 2-30　普通支座图案填充

在如图 2-31 (a) 所示的半剖视图中绘制剖面线。预览剖面线如图 2-31 (b) 所示，尺寸自定义。

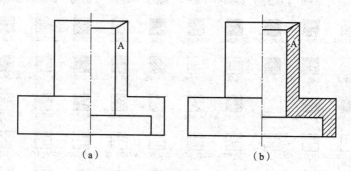

（a）   （b）

图 2-31　半剖视图中绘制剖面线

任务4　手绘命令

任务目标

掌握各手绘命令的操作方法。

素质目标

通过对学生学习方法的引导，培养学生良好的学习能力。

任务准备

1. 安装 AutoCAD 软件。
2. 观看视频中关于"模块2 基本绘图 .dwg"中任务4对应图样的绘制方法。

任务组织

1. 五人一组，其中一名学生担任组长。课前复习前面章节所述的绘图命令，然后观看视频，讨论如何使用绘图命令绘制任务4中的图形。

2. 学生先独立完成任务内例图及课堂练习的绘制。绘图过程中如遇到问题，由组内互助解决。图形绘制完成后，组内成员互相点评。

3. 完成后，由教师作点评和补充。

4. 完成课后练习。

4.1 样条曲线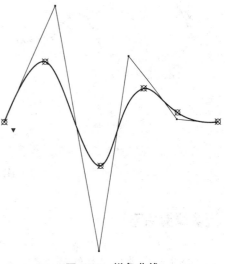

"样条曲线"命令功能：经过或接近影响曲线形状的一系列点的平滑曲线。默认情况下，样条曲线是一系列3阶多项式的过渡曲线段。三次样条曲线是最常用的，并模拟使用柔性条带手动创建的样条曲线。使用"多点""样条曲线"等工具，绘制多点并拟合样条曲线（图2-32）。

"样条曲线"命令常用的调用方法如下：

（1）功能区：单击"默认"选项卡"绘图"面板中的"样条曲线拟合"按钮 ∿ ；

（2）工具栏：单击"绘图"工具栏中的"样条曲线"按钮 ∿ ；

（3）命令行：输入SPLINE（快捷命令SPL）并按Enter键。

图2-32 样条曲线

绘制样条曲线的操作步骤如下：

（1）激活"样条曲线"命令。

（2）输入"M"（方法），然后输入"F"（拟合点）或"CV"（控制点）。

（3）指定样条曲线的下一个点。根据需要继续指定点。

（4）按Enter键结束，或者输入"C"（闭合）使样条曲线闭合。

命令行提示：

```
命令：SPLINE
当前设置：方式＝拟合 节点＝弦
指定第一个点或 ［方式（M）/节点（K）/对象（O）］：_M
输入样条曲线创建方式 ［拟合（F）/控制点（CV）]＜拟合＞：_FIT（拟合）
当前设置：方式＝拟合 节点＝弦
指定第一个点或 ［方式（M）/节点（K）/对象（O）］：（指定样条曲线的起点）
输入下一个点或 ［起点切向（T）/公差（L）］：（指定样条曲线的下一个点）
输入下一个点或 ［端点相切（T）/公差（L）/放弃（U）］：（指定样条曲线的下一个点。根据需要继续指定点）
输入下一个点或 ［端点相切（T）/公差（L）/放弃（U）/闭合（C）］：［按Enter键结束，或者输入C（闭合）使样条曲线闭合］
```

注意事项：使用多功能夹点编辑样条曲线。多功能夹点提供的选项包括添加控制点并在其端点更改样条曲线的切线方向。通过将鼠标光标悬停在夹点上，显示选项菜单，如图2-33所示。

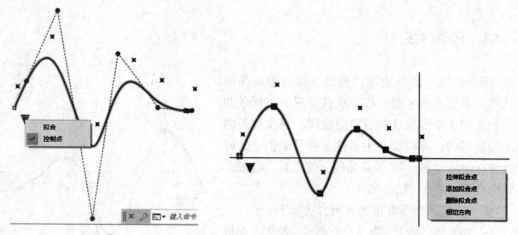

图 2-33　使用多功能夹点

使用样条曲线工具绘制减震器弹簧，如图 2-34 所示。

减震器和橡胶垫

图 2-34　减震器弹簧样条曲线

4.2　徒手画线

"徒手画线"命令可以创建一系列徒手绘制的线段。徒手绘制对于创建不规则边界非常有用。徒手绘制如图 2-35 所示的画线。

徒手绘制画线的步骤如下：

（1）在命令行提示下，输入 SKETCH，按 Enter 键。

（2）再次按 Enter 键确定最后保存的类型、增量和公差值。

（3）将鼠标光标移动至绘图区域中以开始绘制草图。

（4）移动定点设备时，将会绘制指定长度的徒手画线。在

图 2-35　徒手画线

命令运行期间，徒手画线以另一种颜色显示。

（5）单击以暂停绘制草图。

（6）可以单击确定新起点，从新的光标位置重新开始绘图。

（7）按 Enter 键完成草图。

另一种方法：

（1）在命令行提示下，输入 SKETCH。

（2）按住鼠标左键开始绘制草图，然后移动鼠标光标。松开鼠标以暂停绘制草图。

（3）必要时重复步骤（2）。

（4）按 Enter 键完成草图。

注：SKETCH 不接受坐标输入。

命令行提示：

命令：SKETCH

类型 = 直线　增量 = 1.000 0　公差 = 0.500 0

指定草图或［类型（T）/ 增量（I）/ 公差（L）］：（按 Enter 键确定最后保存的类型、增量和公差值）

指定草图：（按住鼠标左键开始绘制草图，然后移动鼠标光标。释放以暂停绘制草图）

已记录 321 条直线。（按 Enter 键完成草图）

📖 课堂练习

徒手随意绘制一组画线。

4.3　修订云线 ☁

"修订云线"（REVCLOUD）命令功能："修订云线"是由连续圆弧组成的多段线。用于提醒用户注意图形的某些部分，在查看或用红线圈阅读图形时，可以使用"修订云线"功能亮显标记以提高工作效率，或创建修订云线以亮显图形中的零件，如图 2-36 所示。

图 2-36　修订云线

操作步骤如下：

（1）单击"默认"选项卡"绘图"面板"修订云线"下拉列表中的"徒手画"按钮☁，或在命令行输入 REVCLOUD。

（2）指定修订云线第一个点（设置多边形修订云线的起点）。

（3）沿云线路径引导十字光标（指定修订云线的下一个点）。

（4）像使用画笔绘图一样创建修订云线。

提示： 通过移动鼠标光标，可以从头开始创建修订云线，也可以将对象（如圆、椭圆、多段线或样条曲线）转换为修订云线。可以选择样式来使云线看起来像是用画笔绘制的。

命令行提示：

命令：REVCLOUD
最小弧长：0.500 0 最大弧长：0.500 0 样式：普通 类型：徒手画
指定第一个点或 [弧长（A）/对象（O）/矩形（R）/多边形（P）/徒手画（F）/样式（S）/修改（M）]<对象>：
沿云线路径引导十字光标…（移动鼠标，从头开始创建修订云线）
反转方向 [是（Y）/否（N）]<否>：
修订云线完成。

📖 **课堂练习**

1. 为组装零件添加修订云线，如图 2-37 所示。
2. 先绘制矩形，然后将其转换成修订云线。

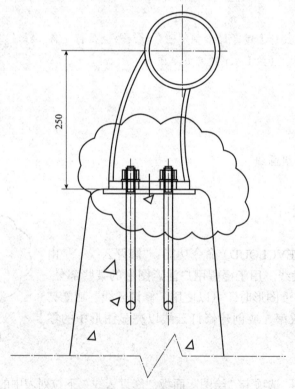

图 2-37　为零件添加修订云线

💡 **课后练习**

1. 根据尺寸完成图 2-38 所示图形的绘制，无须标注尺寸。

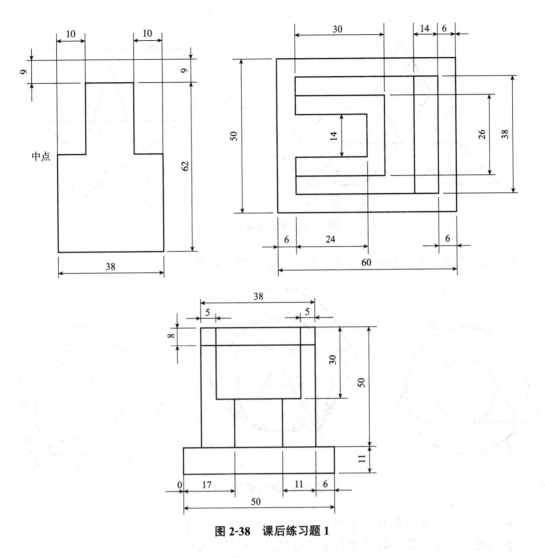

图 2-38 课后练习题 1

2.根据尺寸完成图 2-39 所示图形的绘制,无须标注尺寸。

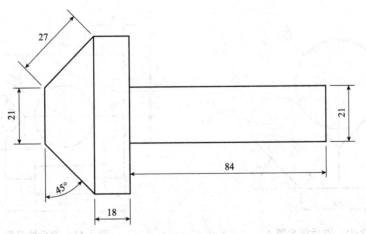

图 2-39 课后练习题 2

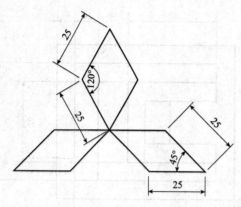

图 2-39　课后练习题 2（续）

3. 根据尺寸完成图 2-40 所示图形的绘制，无须标注尺寸。

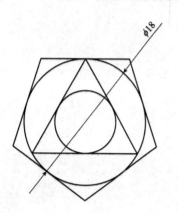 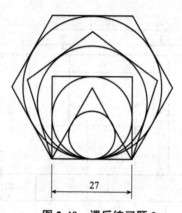 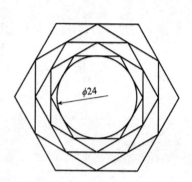

图 2-40　课后练习题 3

4. 根据尺寸完成图 2-41 所示图形的绘制，无须标注尺寸。

5. 根据尺寸完成图 2-42 所示图形的绘制，无须标注尺寸。

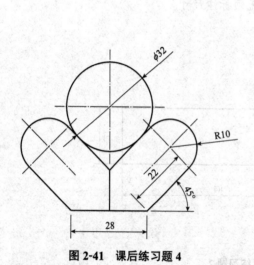

图 2-41　课后练习题 4

图 2-42　课后练习题 5

模块 3

编辑方法

编辑是指对图形进行修改、移动、复制以及删除等操作，AutoCAD 提供了丰富的图形编辑功能，利用它们可以提高绘图的效率与质量。大部分的编辑命令，通常可使用两种编辑方法：一种是先启动编辑命令，再选择要编辑的对象；另一种是先选择对象，然后再调用编辑命令进行编辑。为了叙述的统一，本书均使用第一种方法进行编辑修改。

任务 1　删除、分解对象

任务目标

掌握删除、分解命令的操作方法。

素质目标

培养学生自学能力。

任务准备

1. 安装 AutoCAD 软件。

2. 下载"某小学二层平面图 .dwg"文件。

3. 绘制如图 3-1 所示的图形，不标注尺寸和文字。

任务组织

1. 五人一组，其中一名学生担任组长。课前，按 1：1 的比例绘制项目中的图形（图 3-1），不标注尺寸和文字。观看视频中关于"模块 3 编辑方法"中任务 1 对应编辑方法。

2. 学生先独立完成任务中例图及课堂练习的编辑与绘制。绘图过程中如碰到问题，由组内互助解决。绘制完成后，组内成员互相点评。

3. 完成后，由教师作点评和补充。

1.1 删除

使用"删除"命令，删除图 3-1 中的圆形和矩形。

"删除"命令功能：用于在图形中删除所选择的一个或多个对象。

"删除"命令常用的调用方法如下：

（1）功能区：单击"默认"选项卡"修改"面板中的"删除"按钮 ；

（2）命令行：输入 ERASE（快捷键命令 E）。

删除图元的步骤：激活"删除"命令。

命令行提示：

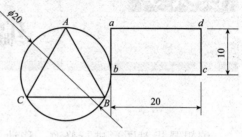

图 3-1　课前提前绘制图形

> 选择对象：（选择圆）
> 选择对象：（选择矩形，单击鼠标右键表示确定，完成删除，如图 3-2 所示）

图 3-2　完成删除

注意事项：

（1）在选择对象命令行提示下，可选择实体进行删除，可以使用窗口方式或交叉方式来选择要删除的实体。

（2）在不执行任何命令的状态下，分别单击选中所要删除的实体，按 Delete 键，也可以删除实体。

课堂练习

删除图 3-2 中的三角形。

1.2 删除重复对象

使用"删除重复对象"命令，删除"某小学二层平面图 .dwg"中重叠的图形。

"删除重复对象"命令功能：在绘制复杂图形时经常会由于绘图不精确而出现重复绘线或图线间局部重叠的情况，在视觉上很难被发现，但是会影响后续的操作。

"删除重复对象"命令常用的调用方法如下：

（1）功能区：单击"默认"选项卡"修改"面板下拉列表中的"删除重复对象"按钮 。

（2）命令行：输入 OVERKILL 并按 Enter 键。

删除重复对象的步骤如下：

（1）打开"某小学二层平面图 .dwg"，激活"删除重复对象"命令。

命令行提示：

（2）弹出"删除重复对象"对话框，如图3-3所示。对"选项"复选框进行设置后单击"确定"按钮，完成重复对象的删除。"删除重复对象"对话框各选项含义如下：

1）公差：控制重复对象匹配的精度。

2）忽略对象特性：选择重复对象在比较过程中要忽略的特性。

3）选项：设置相应选项以控制直线、圆弧和多段线等对象的处理方式。

图3-3 "删除重复对象"对话框

课堂练习

下载"某小学屋顶平面图 .dwg"，使用"删除重复对象"命令，删除图中重叠的图形。

1.3 分解

使用"分解"命令，分解图 3-1 中所示的矩形。

"分解"命令功能：将多义线、标注、图案填充、块或三维实体等有关联性的合成对象分解为单个元素。

"分解"命令常用的调用方法如下：

（1）功能区：单击"默认"选项卡"修改"面板中的"分解"按钮；

（2）命令行输入：EXPLODE（X）并按 Enter 键。

分解矩形的步骤：

（1）激活"分解"命令。

（2）命令行提示：

注意事项：

（1）对于多义线，分解后的对象忽略所有相关线宽或切线信息，沿多义线中心放置所得的直线和圆弧元素。

（2）对于尺寸标注，将分解成直线、样条曲线、箭头、多行文字或公差对象等。

（3）对于多行文字，分解成单行文字对象。

（4）对于面域，分解成直线、圆弧或样条曲线。

（5）外部参照插入的块及外部参照依赖的块不能分解。

课堂练习

分解图 3-1 中所示的三角形。

任务2 移动、复制、偏移与对齐

掌握移动、复制、偏移与对齐等命令的操作方法。

素质目标

培养学生分析问题和解决问题的能力。

任务准备

1. 安装 AutoCAD 软件。
2. 绘制图 3-1 的图形，不标注尺寸和文字。

任务组织

1. 五人一组，其中一名学生担任组长。课前观看视频中关于"模块 3 编辑方法"中任务 2 对应编辑方法，并复习之前的内容。
2. 学生先独立完成任务中例图及课堂练习的编辑与绘制。绘图过程中如遇到问题，由组内互助解决。绘制完成后，组内成员互相点评。
3. 完成后，由教师作点评和补充。

2.1 移动⊹

使用"移动"命令，移动图 3-1 中的矩形，结果如图 3-4 所示。

"移动"命令功能：改变对象在坐标系中的位置。

"移动"命令常用的调用方法如下：

（1）功能区：单击"默认"选项卡"修改"面板中的"移动"按钮⊹；

（2）命令行：输入 MOVE（快捷命令 M）并按 Enter 键。

移动矩形的步骤：

（1）激活"移动"命令。

（2）命令行提示：

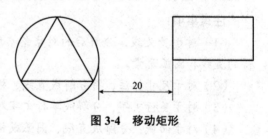

图 3-4 移动矩形

选择对象：指定对角点：找到 1 个（选择矩形）

选择对象：（单击鼠标右键或按空格键确定）

指定基点或 [位移（D）]<位移>：（单击图 3-5 所示的"端点"为基点）

指定第二个点或 <使用第一个点作为位移>：20（距离为 20）

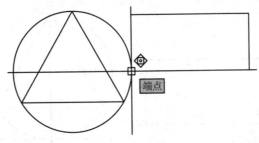

图 3-5　指定基点

注意事项：确定对象移动位移有输入一点或输入两点两种方法。如果输入一点，对象的位移是这一点的坐标值；如果输入两点，则对象的位移是两点的坐标差。因此，移动是有正负方向的。输入两点方式更多的是利用捕捉等方法从屏幕上取点，即把对象从一点精确地移动到另一点。

课堂练习

使用"移动"命令，移动图 3-1 中的三角形，结果如图 3-6 所示。

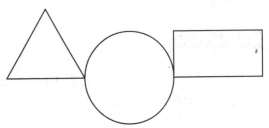

图 3-6　移动三角形

2.2　复制

使用"复制"命令，复制图 3-1 中的矩形，结果如图 3-7 所示。

"复制"命令功能：在指定位置处创建对象副本。

"复制"命令常用的调用方法如下：

（1）功能区：单击"默认"选项卡"修改"面板中的"复制"按钮；

（2）命令行：输入 COPY（快捷命令 CO）并按 Enter 键。

复制矩形的步骤：

（1）执行"复制"命令。

（2）命令行提示：

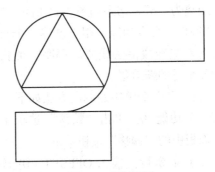

图 3-7　复制矩形

选择对象：指定对角点：找到 1 个（选择矩形）

选择对象：（单击鼠标右键确定）

当前设置：复制模式 = 多个

指定基点或 [位移（D）/ 模式（O）]<位移>：（单击图 3-8 所示的"端点"为基点）

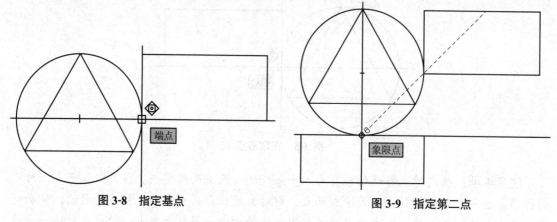

图3-8　指定基点　　　　　　　　　　图3-9　指定第二点

注意事项："复制"命令与"移动"命令相似，可以通过输入相对坐标或距离来准确定位复制第二点位置。

📖 **课堂练习**

使用"复制"命令，复制图3-1中的三角形，结果如图3-10所示。

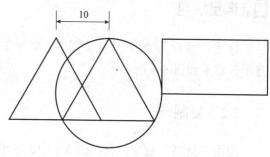

图3-10　复制三角形

2.3　偏移⊂

使用"偏移"命令，偏移图3-1中的矩形，距离为"5"，结果如图3-11所示。

"偏移"命令功能：用于创建一个与指定对象各对应线段沿法线方向等距，形状与原始对象平行的新对象。

"偏移"命令常用的调用方法如下：

（1）功能区：单击"默认"选项卡"修改"面板中的"偏移"按钮⊂；

（2）命令行：输入OFFSET（快捷命令O）并按Enter键。

偏移矩形的步骤：

（1）激活"偏移"命令。

（2）命令行提示：

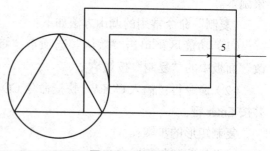

图3-11　偏移矩形

选择要偏移的对象，或［退出（E）/放弃（U）］<退出>:（选择矩形）

指定要偏移的那一侧上的点，或［退出（E）/多个（M）/放弃（U）］<退出>:（单击矩形外部位置，按 Esc 键结束命令）

注意事项：

（1）"偏移"命令只能用直接拾取的方式一次选择一个实体进行偏移复制。

（2）只能选择偏移直线、圆、多段线、椭圆、椭圆弧、多边形和曲线，不能偏移点、图块、属性和文本。

（3）对于直线、射线、构造线等图形，AutoCAD 将平行偏移复制，直线的长度保持不变。

（4）对于圆、椭圆、椭圆弧等图形，AutoCAD 偏移时将同心复制。偏移前后的实体将同心。

（5）多段线的偏移将逐段进行，各段长度将重新调整。

课堂练习

1. 使用"偏移"命令，偏移图 3-1 中的圆形，距离为"2"，结果如图 3-12 所示。

2. 先使用"分解"命令分解图 3-1 中的矩形，然后再使用"偏移"命令偏移分解后的矩形，结果与图 3-11 对比，看看两者的区别。

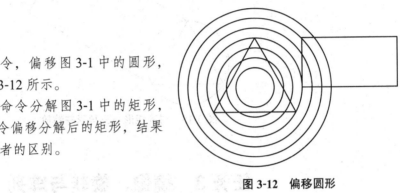

图 3-12　偏移圆形

2.4　对齐

使用"对齐"命令，将图 3-1 中的三角形与矩形对齐，结果如图 3-13 所示。

"对齐"命令功能：使对象与另一个对象对齐。

"对齐"命令常用的调用方法如下：

（1）功能区：单击"默认"选项卡"修改"面板中的"对齐"按钮；

（2）命令行：输入 ALIGN（快捷命令 AL）并按 Enter 键。

对齐三角形的步骤：

（1）激活"对齐"命令。

（2）命令行提示：

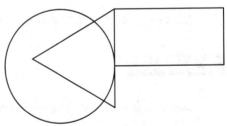

图 3-13　对齐三角形

选择对象：（选择三角形）

指定第一个源点：（选择图 3-14 的 A 点）

指定第一个目标点：（选择图 3-14 的 a 点）

指定第二个源点：（选择图 3-14 的 B 点）

指定第二个目标点：（选择图 3-14 的 b 点）

指定第三个源点或<继续>：（按 Enter 键表示继续）

是否基于对齐点缩放对象？［是（Y）/否（N）］<否>：N

注意事项：当指定三对源点和目标点时，物体不仅移动而且可能旋转，即源物体的一个面与目标物体的一个面对齐。多用于三维物体的对齐。

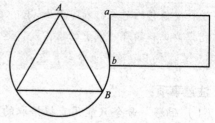

图 3-14　对齐点的选择

📖 **课堂练习**

使用"对齐"命令，将图 3-1 中的矩形与三角形对齐并缩放，结果如图 3-15 所示。

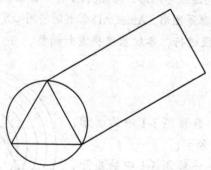

图 3-15　对齐矩形与三角形并缩放

任务 3　镜像、旋转与阵列

任务目标

掌握镜像、旋转与阵列等命令的操作方法。

素质目标

培养认真负责的工作态度和严谨细致的工作作风。

任务准备

1. 安装 AutoCAD 软件。
2. 绘制图 3-1 的图形，不标注尺寸和文字。

任务组织

1. 五人一组，其中一名学生担任组长。课前观看视频中关于"模块 3　编辑方法"中任务 3 对应编辑方法，并复习前面章节的内容。

2. 学生先独立完成任务中例图及课堂练习的编辑与绘制。绘图过程中如碰到问题，由组内互助解决。绘制完成后，组内成员互相点评。

3. 完成后，由教师作点评和补充。

3.1 镜像 ⚠

使用"镜像"命令，以圆的直径为镜像轴线（图3-16中直线 *AB*）镜像图3-1中的矩形，结果如图3-16所示。

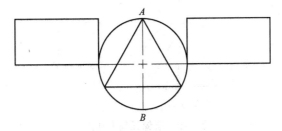

图 3-16　镜像矩形

"镜像"命令功能：围绕用两点定义的镜像轴线翻转对象创建对称的镜像图像。

"镜像"命令常用的调用方法如下：

（1）功能区：单击"默认"选项卡"修改"面板中的"镜像"按钮 ⚠；

（2）命令行：输入 MIRROR（快捷命令 MI）并按 Enter 键。

镜像矩形的步骤：

（1）激活"镜像"命令。

（2）命令行提示：

> 选择对象：找到 1 个（选择矩形）
>
> 选择对象：（单击鼠标右键表示确定）
>
> 指定镜像线的第一点：（选择图3-16的 *A* 点）
>
> 指定镜像线的第二点：（选择图3-16的 *B* 点）
>
> 要删除源对象吗？［是（Y）/ 否（N）］<否>：N（按 Enter 键或输入字母 N 保留原始对象，结果如图3-16所示；或者输入字母 Y 删除原始对象）

注意事项：如果在进行镜像操作的选择对象中包括文字对象，则文字对象的镜像效果取决于系统变量 MIRRTEXT，如果该变量取值为 1，则文字也镜像显示；如果取值为 0（缺省值），则镜像后的文字仍保持原方向，如图3-17所示。

CAD CAD　　　CAD ⅭAꓷ

(a) 　　　　　　　　　　　　　(b)

图 3-17　镜像效果

(a) MIRRTEXT=0；(b) MIRRTEXT=1

使用"镜像"命令，以图 3-1 矩形的对角点（a 点和 c 点）的连线为镜像轴线，镜像图中的圆形和三角形，结果如图 3-18 所示。

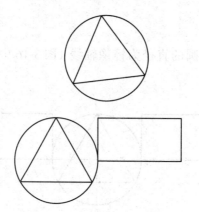

图 3-18　镜像三角形和圆形

3.2　旋转 ↻

使用"旋转"命令，以圆心为基点，逆时针旋转图 3-1 中的矩形 90°，结果如图 3-19 所示。

"旋转"命令功能：将选择的对象绕指定点旋转一定的角度。

"旋转"命令常用的调用方法如下：

（1）功能区：单击"默认"选项卡"修改"面板中的"旋转"按钮 ↻；

（2）命令行：输入 ROTATE（快捷命令 RO）并按 Enter 键。

旋转矩形的步骤：

（1）激活"旋转"命令。

（2）命令行提示：

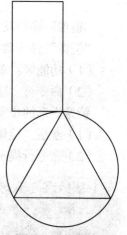

图 3-19　旋转矩形

> UCS 当前的正角方向：ANGDIR= 逆时针　ANGBASE=0
>
> 选择对象：指定对角点：找到 1 个（选择矩形）
>
> 选择对象：（单击鼠标右键表示确定）
>
> 指定基点：（选择圆心）
>
> 指定旋转角度，或［复制（C）/ 参照（R）]<30>：90（旋转角度有正、负之分，如果输入角度为正值，实体将沿着逆时针方向旋转；反之，则沿着顺时针方向旋转）

使用"旋转"命令，以圆心为基点，顺时针旋转图 3-1 中的矩形 90° 并保留原有矩形，结果如图 3-20 所示。

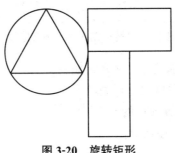

图 3-20　旋转矩形

3.3　阵列

"阵列"命令功能：复制对象并形成按规律排列的对象副本。排列规律包括矩形、路径和环形 3 种。

1. 矩形阵列

使用"矩形阵列"命令（关联）阵列图 3-1 所示的圆形，尺寸如图 3-21 所示。

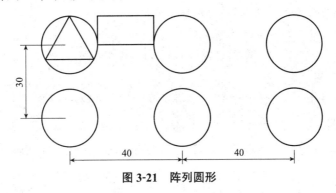

图 3-21　阵列圆形

"阵列"命令可以对选中的图形对象按矩形作队列的多重复制，创建一个呈规则形分布的对象副本阵列图形。

"阵列"命令常用的调用方法如下：

（1）功能区：单击"默认"选项卡"修改"面板中的"阵列"按钮 ▦；

（2）命令行：输入 ARRAY（快捷命令 AR）。

阵列矩形的步骤：

（1）激活"矩形阵列"命令。

（2）命令行提示：

> 类型 = 矩形　关联 = 否
> 选择夹点以编辑阵列或［关联（AS）/基点（B）/计数（COU）/间距（S）/列数（COL）/行数（R）/层数（L）/退出（X）］< 退出 >：

（3）功能区切换至如图 3-22 所示的"阵列创建"上下文选项卡，设置参数，单击"关闭陈列"按钮，完成陈列。

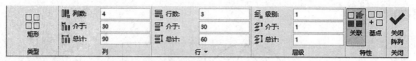

图 3-22　"阵列创建"上下文选项卡

下面分别对命令行这几个选项的含义介绍如下：

1）关联（AS）：设置阵列项目间是否关联。

2）基点（B）：设置阵列放置项目的基点。

3）计数（COU）：指定行数和列数。

4）间距（S）：指定行间距和列间距。

5）列数（COL）：设置阵列中的列数。

6）行数（R）：设置阵列中的行数。

7）层数（L）：指在阵列中的层数。

阵列圆形的步骤如下：

（1）执行"阵列"命令。

（2）命令行提示：

选择对象：指定对角点：找到1个（选择圆形）

选择对象：（单击鼠标右键表示确定选择）

输入阵列类型［矩形（R）/路径（PA）/极轴（PO）］<矩形>：R

类型＝矩形　关联＝否

选择夹点以编辑阵列或［关联（AS）/基点（B）/计数（COU）/间距（S）/列数（COL）/行数（R）/层数（L）/退出（X）］<退出>：

（3）参考图3-23设置阵列选项卡，单击"关闭阵列"按钮，完成阵列。

图 3-23　"矩形阵列"设置

2. 环形阵列

使用"环形阵列"命令（关联），以圆心为基点，将图 3-24（a）阵列为图 3-24（b）所示的图形。

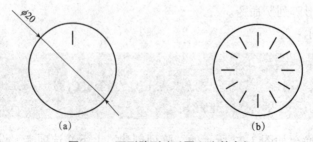

图 3-24　环形阵列（以圆心为基点）

(a) 环形阵列前图形；(b) 环形阵列后图形

环形阵列图形的步骤如下：

（1）激活"环形阵列"命令。

（2）命令行提示：

选择对象：找到1个（选择竖线）

选择对象：（单击鼠标右键确定）

类型＝极轴　关联＝否

指定阵列的中心点或［基点（B）/旋转轴（A）］：（选择圆心）

选择夹点以编辑阵列或［关联（AS）/基点（B）/项目（I）/项目间角度（A）/填充角度（F）/行（ROW）/层（L）/旋转项目（ROT）/退出（X）]＜退出＞：（按Enter键表示确定）

下面分别对命令行这几个选项的含义介绍如下：

1）项目间角度（A）：指定项目之间的角度。

2）填充角度（F）：指定阵列中第一个和最后一个项目之间的角度。

3）旋转项目（ROT）：控制在排列项目时是否旋转项目。

（3）参考图3-25设置阵列选项卡，单击"关闭阵列"按钮，完成阵列。

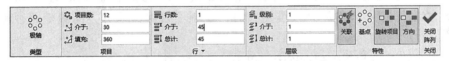

图 3-25　"环形阵列"设置

"旋转项目"复选框：控制阵列后对象是否按照一定角度旋转复制。环形阵列时，输入的角度为正值，沿逆时针方向旋转；反之，沿顺时针方向旋转。环形阵列的复制份数也包括原始形体在内。图3-25中不选择"旋转项目"，其余设置不变，阵列效果如图3-26所示。

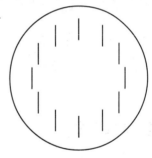

图 3-26　环形阵列（不旋转项目）

3. 路径阵列

绘制任意曲线路径，使用"路径阵列"命令（不关联），设定项间距为"5"，将图3-27（a）阵列为图3-27（b）所示的图形。

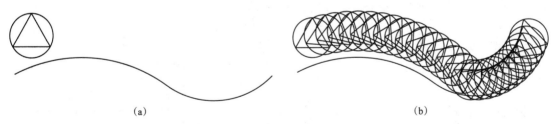

（a）　　　　　　　　　　　　　　　（b）

图 3-27　路径阵列

（a）路径阵列前图形；（b）路径阵列后图形

路径阵列图形的步骤：

（1）激活"路径阵列"命令。

（2）命令行提示：

选择对象：找到2个（选择圆形和三角形）

选择对象：（单击鼠标右键确定）

类型＝路径 关联＝否

选择路径曲线：（选择曲线）

选择夹点以编辑阵列或［关联（AS）/方法（M）/基点（B）/切向（T）/项目（I）/行（R）/层（L）/对齐项目（A）/Z方向（Z）/退出（X）］＜退出＞：

下面分别对命令行这几个选项的含义介绍如下：

1）方法（M）：控制如何沿路径分布项目，可以选择"定数等分"和"测量"两种方式。

2）切向（T）：指定阵列中的项目与路径的起始方向对齐方式。可选择"两点"和"普通"。

3）项目（I）：根据"方法"设置，指定阵列项目数或项目之间的距离。

4）对齐项目（A）：指定每个项目是否相对于第一个项目随路径切线方向旋转。

5）Z方向（Z）：当路径是三维路径时，控制项目保持原Z方向或随路径倾斜情况偏转。

（3）参考图3-28设置阵列选项卡，单击"关闭阵列"按钮，完成阵列。

图3-28 "路径阵列"设置

课堂练习

1.使用"路径阵列"命令，以圆心为基点，将图3-27（a）的圆形和三角形阵列，结果如图3-29所示。

2.使用"矩形阵列"等命令，完成图3-30所示的图形。

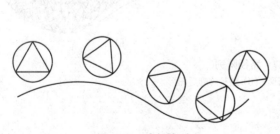

图3-29 路径阵列

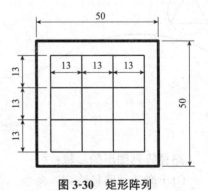

图3-30 矩形阵列

任务 4　缩放、修剪、延伸与拉伸

掌握缩放、拉伸、修剪与延伸等命令的操作方法。

培养学生协调沟通能力。

1. 安装 AutoCAD 软件。
2. 绘制图 3-1 的图形，不标注尺寸和文字。

1. 五人一组，其中一名学生担任组长。课前观看视频中关于"模块 3 编辑方法"中任务 4 对应编辑方法，并复习前面章节的内容。
2. 学生先独立完成任务中例图及课堂练习的编辑与绘制。绘图过程中如遇到问题，由组内互助解决。绘制完成后，组内成员互相点评。
3. 完成后，由教师作点评和补充。

4.1　缩放

1. 比例系数缩放

使用"缩放"命令，以圆心为基点，将图 3-1 的三角形缩小 0.5 倍，结果如图 3-31 所示。

"缩放"命令功能：不改变对象的比例，而放大或缩小对象。

"缩放"命令常用的调用方法如下：

（1）功能区：单击"默认"选项卡"修改"面板中的"缩放"按钮；

（2）命令行：输入 SCALE（快捷命令 SC）并按 Enter 键。

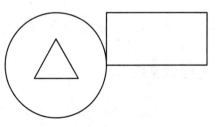

图 3-31　缩小三角形 0.5 倍

比例系数缩放三角形的步骤：

（1）激活"缩放"命令。

（2）命令行提示：

选择对象：找到 1 个（选择三角形）

选择对象：（单击鼠标右键确定）

指定基点：（选择圆心）

指定比例因子或［复制（C）/参照（R）］：0.5（缩放比例）

2. 参照缩放

使用"缩放"命令，以圆心为基点，以矩形短边（图 3-33 直线 ab）为参照，缩放图 3-1 中的三角形，结果如图 3-32 所示。

参照缩放三角形的步骤：

（1）激活"缩放"命令。

（2）命令行提示：

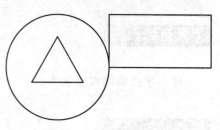

图 3-32　参照缩小三角形

选择对象：找到 1 个（选择三角形）

选择对象：（单击鼠标右键确定）

指定基点：（选择圆心）

指定比例因子或［复制（C）/参照（R）］：r（参照）

指定参照长度 <20.000 0>：（图 3-33 的 A 点）指定第二点：（图 3-33 的 B 点）

指定新的长度或［点（P）］<20.000 0>：P（点）

指定第一点：（图 3-33 的 a 点）指定第二点：（图 3-33 的 b 点）

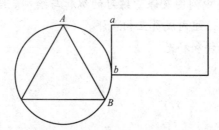

图 3-33　参照缩放三角形选择点

缩放后，三角形边长为 10。

课堂练习

1. 使用"缩放"命令，以圆心为基点，将图 3-1 的三角形放大 2 倍，并保留原图形，如图 3-34 所示。

2. 使用"缩放"命令，以圆心为基点，以矩形短边（图 3-33 直线 ab）为参照，缩放图 3-1 中的三角形，并保留原图形，如图 3-35 所示。

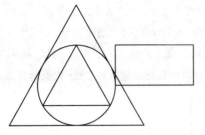

图 3-34 缩放三角形

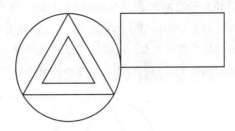

图 3-35 缩放三角形

4.2 修剪 ✄

使用"修剪"命令，以图 3-1 矩形的 *bc* 边为边界，修剪圆形和三角形，结果如图 3-36 所示。

"修剪"命令功能：修剪超出由其他对象定义的边界的部分线段实体。

"修剪"命令常用的调用方法如下：

（1）功能区：单击"默认"选项卡"修改"面板中的"修剪"按钮 ✄；

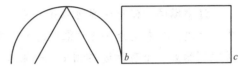

图 3-36 修剪圆形和三角形

（2）命令行：输入 TRIM（快捷命令 TR）并按 Enter 键。

修剪圆形和三角形的步骤如下：

（1）使用"分解"命令（EXPLODE）分解矩形。

（2）激活"修剪"命令。

命令行提示：

当前设置：投影 =UCS，边 = 无

选择剪切边 …

选择对象或 < 全部选择 >：找到 1 个（选择图 3-35 的直线 *bc*）

选择对象：（单击鼠标右键表示确定）

选择要修剪的对象或按住 Shift 键选择要延伸的对象，或者 [栏选（F）/ 窗交（C）/ 投影（P）/ 边（E）/ 删除（R）]：E

下面分别对命令行中这几个选项的含义介绍如下：

1）按住 Shift 键选择要延伸的对象：如果修剪边与被修剪边不相交，此时按住 Shift 键选择对象，则该对象将延伸到修剪边。

2）栏选（F）：利用栏选修剪对象，最初拾取点将决定选定的对象是怎样进行修剪或延伸的。

3）窗交（C）：利用窗口选择修剪对象。

4）投影（P）：用于三维空间修剪时选择投影模式。

5）边（E）：选择修剪边的模式。本项目输入 E。

6）删除（R）：选择要删除的对象。

命令行提示：

输入隐含边延伸模式 [延伸（E）/ 不延伸（N）] < 不延伸 >：E（选择"E"选项，修剪边界可以无限延长，边界与被剪实体不必相交。选择"N"选项，修剪边界只有与被剪实体相交时才有效）

选择要修剪的对象，或按住Shift键选择要延伸的对象，或［栏选（F）/窗交（C）/投影（P）/边（E）/删除（R）/放弃（U）］：（选择圆的下半部分，如图3-37所示）

选择要修剪的对象，或按住Shift键选择要延伸的对象，或［栏选（F）/窗交（C）/投影（P）/边（E）/删除（R）/放弃（U）］：（选择三角形的下半部分，单击鼠标右键或按Enter键表示完成修剪）

选择要修剪的对象或按住Shift键选择要延伸的对象

图3-37 选择需要修剪的部分

注意事项： 修剪边界可以是一个，也可以同时是多个。要选择显示的所有对象作为可能剪切边，在未选择任何对象的情况下按Enter键。如果选择了多个剪切边界，对象将与它所碰到的第一个剪切边界相交。如果在两个剪切边之间的对象上拾取一点，在两个剪切边之间的对象将被删除。对象既可以作为剪切边，也可以作为被修剪的对象。

📖 **课堂练习**

使用"修剪"命令，以图3-1三角形的 BC 边为边界，修剪圆形，如图3-38所示。

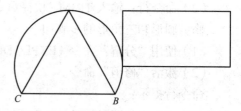

图3-38 修剪圆形

4.3 延伸 ⤏|

使用"延伸"命令，以图3-1矩形的 ab 边为边界，延伸三角形的 AC 边，如图3-39所示。

"延伸"命令功能：用来延伸图形对象，使其达到一个或多个其他图形对象所限定的边界处。

"延伸"命令常用的调用方法如下：

（1）功能区：单击"默认"选项卡"修改"面板中的"延伸"按钮 ⤏|。

（2）命令行：输入 EXTEND（快捷命令 EX）并按 Enter 键。

延伸三角形的步骤如下：

（1）使用"分解"命令（EXPLODE）分解矩形和三角形。

（2）激活"延伸"命令。

命令行提示：

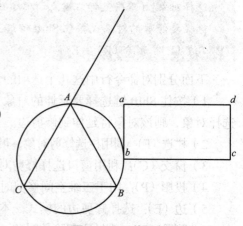

图3-39 延伸三角形

当前设置：投影 =UCS，边 = 无
选择边界的边 …

选择对象或<全部选择>：找到1个（选择图3-39的直线*ab*）

选择对象：（单击鼠标右键表示确定）

选择要延伸的对象或按住Shift键选择要修剪的对象，或者［栏选（F）/窗交（C）/投影（P）/边（E）］：E

输入隐含边延伸模式［延伸（E）/不延伸（N）］<不延伸>：E

选择要延伸的对象，或按住Shift键选择要修剪的对象，或［栏选（F）/窗交（C）/投影（P）/边（E）/放弃（U）］：（单击选择直线*AC*，注意鼠标光标落点应靠近*A*点）

选择要延伸的对象，或按住Shift键选择要修剪的对象，或［栏选（F）/窗交（C）/投影（P）/边（E）/放弃（U）］：（单击鼠标右键或按Enter键表示完成延伸）

命令行中各选项说明参考本任务"4.2 修剪"，这里不再赘述。

注意事项：

（1）在AutoCAD中，可以延伸直线、多段线和圆弧这3类实体。一次只能延伸一个实体。

（2）如果一个对象可以沿多个方向延伸，选择延伸对象时，要使用直接拾取方式，目标选择框应落在要延伸的一端。

📖 **课堂练习**

使用"延伸"命令，以图3-1三角形的*AB*边为边界，延伸矩形，如图3-40所示。

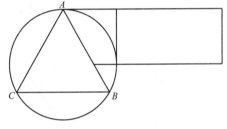

图3-40 延伸矩形

4.4 拉伸

使用"拉伸"命令，拉伸图3-1中的三角形，如图3-41所示。

"拉伸"命令功能：以交叉窗口选取对象的一部分后，移动选区内对象的顶点，使对象变形。拉长对象是指沿对象自身自然路径来修改长度或圆弧的包角。

"拉伸"命令常用的调用方法如下：

（1）功能区：单击"默认"选项卡"修改"面板中的"拉伸"按钮 ⬜；

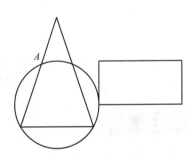

图3-41 拉伸三角形

（2）命令行：输入STRETCH（快捷命令S）并按Enter键。

拉伸三角形的步骤：

（1）激活"拉伸"命令。

（2）命令行提示：

以交叉窗口或交叉多边形选择要拉伸的对象

选择对象：指定对角点：找到3个（从右到左移动鼠标以交叉窗口选择的方式选择对象，选择的对象包括圆、三角形、文字"*A*"，如图3-42所示）

选择对象：（单击鼠标右键表示确定选择）

指定基点或［位移（D）］＜位移＞：（选择 A 点）

指定第二个点或＜使用第一个点作为位移＞：10（向 Y 轴正向移动鼠标，并输入距离"10"）

注意事项：

（1）AutoCAD 只能拉伸由 LINE、ARC（包括椭圆弧）、SOLID 和 PLINE 等命令绘制的带有端点的图形实体。所以，图 3-42 中即使交叉选择了圆和文字"A"无法被拉伸。

（2）拉伸命令可拉伸实体，也可移动实体。如果新选择的实体全部落在选择窗口内，AutoCAD 将把该实体从基点移动到终点。如果所选择的图形实体只有部分包含于选择窗口内，那么 AutoCAD 将拉伸实体。

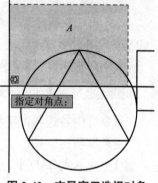

图 3-42　交叉窗口选择对象

课堂练习

使用"拉伸"命令，拉伸矩形，使其变成如图 3-43 所示的图形。

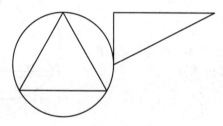

图 3-43　拉伸矩形

任务5　打断与合并

任务目标

掌握打断与合并等命令的操作方法。

素质目标

锻炼学生自学能力及沟通能力。

任务准备

1. 安装 AutoCAD 软件。

2. 绘制图 3-1 的图形，不标注尺寸和文字。

1. 五人一组，其中一名学生担任组长。课前观看视频中关于"模块3 编辑方法"中任务 5 对应编辑方法，并复习前面章节所述的内容。

2. 学生先独立完成任务中例图及课堂练习的编辑与绘制。绘图过程中如碰到问题，由组内互助解决。绘制完成后，组内成员互相点评。

3. 完成后，由教师作点评和补充。

5.1 打断 ⬒

使用"打断"命令，以图 3-1 的 *A*、*B* 点为打断点，打断圆形，如图 3-44 所示。

"打断"命令功能：可以把对象上指定两点之间的部分删除，当指定的两点相同时，则对象分解为两个部分。

"打断"命令常用的调用方法如下：

（1）功能区：单击"默认"选项卡"修改"面板中的"打断"按钮 ⬒（用于删除部分对象）或单击"默认"选项卡"修改"面板中的"打断于点"按钮 ⬒（将对象分为两部分），本任务案例使用"打断" ⬒。

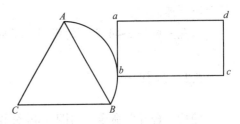

图 3-44　打断圆形

（2）命令行：输入 BREAK（快捷命令 BR）并按 Enter 键。

打断圆形的步骤如下：

（1）在命令行输入"BR"激活"打断"命令。

（2）命令行提示：

> 选择对象：（选择圆）
> 指定第二个打断点 或 [第一点（F）]：F

在默认情况下，当选择某个对象后，系统把选择点作为第一个打断点，并提示选择第二个打断点。如果选择对象后需要重新指定第一个打断点，则可选择"F"（第一点 First point）选项，系统将分别提示选择第一、第二个打断点。本任务要分别指定 *A*、*B* 点为第一、第二个打断点，所以，输入字母"F"。

> 指定第一个打断点：（选择 *A* 点）
> 指定第二个打断点：（选择 *B* 点，完成打断）

注意事项：如果希望第二个打断点和第一个打断点重合，即将对象分解为两个独立部分而不创建间隙，在相同的位置指定两个打断点，可在指定第二个打断点坐标时输入"@0，0"即可。

1. 使用"打断"命令，以图 3-1 的 *A*、*B* 点为打断点，打断圆形，如图 3-45 所示。

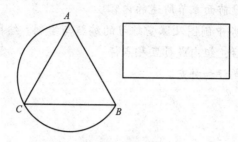

图 3-45　打断圆形

2. 绘制任意直线，使用"打断"命令，将直线以中点为打断点，分解为两个独立的直线而不创建间隙。

3. 先分解图 3-44 所示的矩形，然后将直线 *ad* 打断，打断点自定，如图 3-46 所示。

5.2　合并 ⊷

使用"合并"命令，将图 3-46 合并为图 3-47。

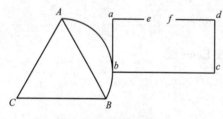

图 3-46　打断直线 *ad*

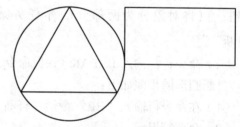

图 3-47　合并图形

"合并"命令功能：将直线、圆弧、椭圆弧、多段线、三维多段线、螺旋和样条曲线通过其端点合并为单个对象。

"合并"命令常用的调用方法如下：

（1）功能区：单击"默认"选项卡"修改"面板中的"合并"按钮 ⊷；

（2）命令行：输入 JOIN（快捷命令 J）并按 Enter 键。

合并图形的步骤如下：

（1）激活"合并"命令。

命令行提示：

选择源对象或要一次合并的多个对象：（选择图 3-46 的直线 *ae*）找到 1 个

选择要合并的对象：（选择图 3-46 的直线 *df*）找到 1 个，总计 2 个

选择要合并的对象：（单击鼠标右键表示选择完成）

2 条直线已合并为 1 条直线

（2）再次激活"合并"命令。

命令行提示：

选择源对象或要一次合并的多个对象：找到 1 个（选择图 3-46 圆弧 *AB*）

选择要合并的对象：（右键表示选择完成）

选择圆弧，以合并到源或进行 ［闭合（L）］：L

已将圆弧转换为圆

注意事项：

（1）要合并的直线对象必须共线（位于同一无限长的直线上），但是它们之间可以有间隙。

（2）要想将直线、多段线或圆弧等源对象合并成为一条多段线，则这些源对象之间不能有间隙，并且必须位于与 UCS 的 XY 平面平行的同一平面上。

（3）要合并的圆弧对象必须位于同一个假想的圆上，但是它们之间可以有间隙。合并两条或多条圆弧时，将从源对象开始逆时针方向合并圆弧。

课堂练习

使用"合并"命令，将图 3-48（a）合并成图 3-48（b）。

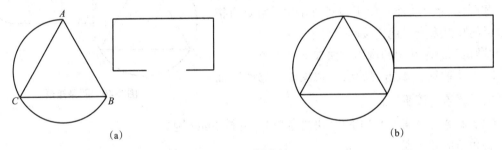

（a）   （b）

图 3-48　课堂练习

（a）合并前图形；（b）合并后图形

任务 6　倒角与圆角

任务目标

掌握倒角与圆角等命令的操作方法。

素质目标

培养学生举一反三的学习能力。

1. 安装 AutoCAD 软件。
2. 绘制图 3-1 的图形，不标注尺寸和文字。

1. 五人一组，其中一名学生担任组长。课前观看视频中关于"模块 3 编辑方法"中任务 6 对应编辑方法，并复习前面章节所述的内容。

2. 学生先独立完成任务中例图及课堂练习的编辑与绘制。绘图过程中如遇到问题，由组内互助解决。绘制完成后，组内成员互相点评。

3. 完成后，由教师作点评和补充。

6.1 圆角

使用"圆角"命令，对图 3-1 的矩形 ∠ bcd 进行倒圆角（半径为"5"），如图 3-49 所示。

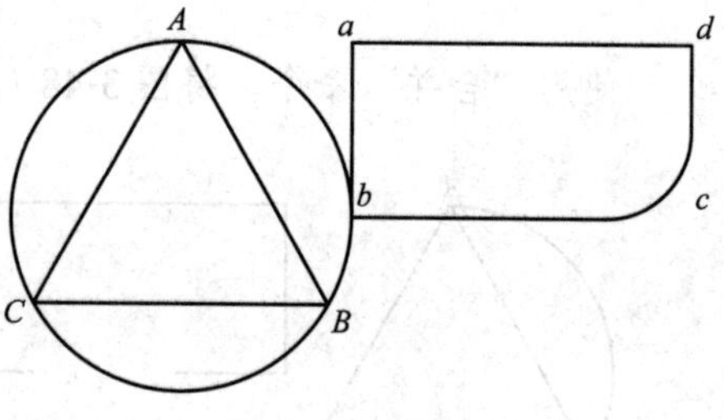

"圆角"命令功能：使用与对象相切并且具有指定半径的圆弧来光滑地连接两个对象。

"圆角"命令常用的调用方法如下：

（1）功能区：单击"默认"选项卡"修改"面板中的"圆角"按钮；

（2）命令行：输入 FILLET（快捷命令 F）并按 Enter 键。

圆角矩形的步骤：

（1）激活"圆角"命令。

（2）命令行提示：

当前设置：模式 = 修剪，半径 = 0.0000
选择第一个对象或［放弃（U）/ 多段线（P）/ 半径（R）/ 修剪（T）/ 多个（M）］: R

下面分别对命令行中这几个选项的含义介绍如下：

1）多段线（P）：为多义线的每两条线段相交的顶点处倒圆角。

2）半径（R）：更改圆角半径。

3）修剪（T）：倒圆角后是否剪去选定的对象圆角外的部分。有修剪和不修剪两种模式。选择该选项后，将出现下列提示：

输入修剪模式选项［修剪（T）/ 不修剪（N）］<修剪>:（T 表示修剪倒角，N 则不修剪倒角）

4）多个（M）：一次命令对多个对象进行倒圆角。

（3）输入字母"R"后，命令行提示：

图 3-49 圆角矩形

指定圆角半径 <0.0000>：5（半径为 5）

选择第一个对象或［放弃（U）/多段线（P）/半径（R）/修剪（T）/多个（M）］：（选择直线 *cd*）

选择第二个对象，或按住 Shift 键选择对象以应用角点或［半径（R）］：（选择直线 *bc*，完成倒圆角）

注意事项：

（1）对于不平行的两对象，当有一个对象长度小于圆角半径时，可能无法倒圆角。

（2）可以为平行直线倒圆角（以平行线间距离为圆角直径）。

（3）在对除多段线外的其他对象倒圆角时，如果对象不相交，系统首先延伸这些对象，直到出现交点，然后按指定的距离进行修剪；如果两个对象相交，则超出圆角的部分将被删除，如果需要，超出的部分也可以保留。

课堂练习

1. 使用"圆角"命令，对图 3-1 的矩形 ∠*bcd* 进行倒圆角（半径为"5"），如图 3-50 所示。

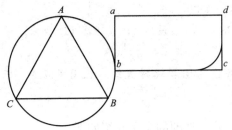

图 3-50　圆角矩形

2. 根据图 3-51 先绘制两根直线，再使用"圆角"命令进行编辑。

（1）试对比"模式 = 不修剪，半径 = 0.000 0"和"模式 = 修剪，半径 = 0.000 0"两种设定下，编辑效果有何不同。

（2）试用"圆角"命令，绘制图 3-52 所示的圆角（无须标注尺寸）。

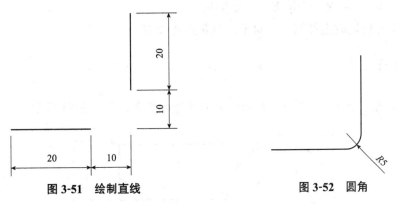

图 3-51　绘制直线　　　　图 3-52　圆角

6.2　倒角

使用"倒角"命令，对图 3-1 的矩形 ∠*bcd* 进行倒角，尺寸如图 3-53 所示。

"倒角"命令功能：在两条直线间绘制一个斜角，斜角的大小由第一个和第二个倒角距离确定。

"倒角"命令常用的调用方法如下：

（1）功能区：单击"默认"选项卡"修改"面板中的"倒角"按钮 ∕；

（2）命令行：输入 CHAMFER（快捷命令 CHA）并按 Enter 键。

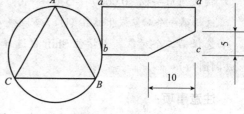

图 3-53　倒角矩形

倒角矩形的步骤：

（1）激活"倒角"命令。

（2）命令行提示：

（"修剪"模式）当前倒角距离 1 = 0.000 0，距离 2 = 0.000 0

选择第一条直线或［放弃（U）/ 多段线（P）/ 距离（D）/ 角度（A）/ 修剪（T）/ 方式（E）/ 多个（M）］：D

指定第一个倒角距离 <20.0000>：10

指定第二个倒角距离 <10.0000>：5

选择第一条直线或［放弃（U）/ 多段线（P）/ 距离（D）/ 角度（A）/ 修剪（T）/ 方式（E）/ 多个（M）］：（点取直线 bc）

选择第二条直线，或按住 Shift 键选择直线以应用角点或［距离（D）/ 角度（A）/ 方法（M）］：（点取直线 cd）

下面分别对命令行中这几个选项的含义介绍如下：

1）多段线（P）：对整个多义线的每两条线段相交的顶点处倒角。

2）距离（D）：更改倒角大小。

3）角度（A）：用第一条线的倒角距离和第二条线的角度设置倒角距离。

4）修剪（T）：倒角后剪去选定的对象倒角外的部分。

5）方式（E）：控制确定倒角大小使用距离还是角度方法。

6）多个（M）：一次命令给多个对象倒角。

7）按 Shift 键同时选择第二个对象，倒角距离为零。

📖 课堂练习

使用"倒角"命令，对图 3-1 的矩形∠ bcd 进行倒角，如图 3-54 所示。

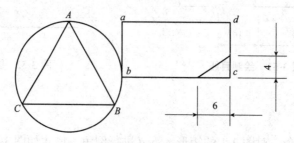

图 3-54　倒角矩形

任务 7 图块

任务目标

掌握图块的制作与插入的操作方法。

素质目标

培养学生互学互助的精神。

任务准备

1. 安装 AutoCAD 软件。
2. 绘制标高图形。

任务组织

1. 五人一组，其中一名学生担任组长。观看视频中关于"模块 3 编辑方法"中任务 7 对应编辑方法，并复习前面章节所述的内容。

2. 学生先独立完成任务中例图编辑与绘制。绘图过程中如遇到问题，由组内互助解决。绘制完成后，完成课堂练习。

3. 完成后，由教师作点评和补充。

在实际工程绘图中，经常会遇到绘制相同或相似的图形（如暖通系统中的阀门、风口等），利用 AutoCAD 提供的块的方式，可以将这类图形定义为块，在需要的时候以插入块的方式将图形直接插入，从而节省绘图时间。图块是用一个图块名命名的一组图形实体的总称。利用定义块与属性的方式可以在插入块的同时加入不同的文本信息，满足绘图的要求。

使用块具有以下优点：

（1）可以确保图形中设备、零件的符号和图例保持一致；

（2）相较于对选定各个几何对象进行操作，可以更快地插入、旋转、缩放、移动和复制块；

（3）如果编辑或重新定义块定义，该图形中的所有块参照都将自动更新；

（4）通过插入多个块参照而不是复制对象几何图形，可以减小图形的文件大小。

7.1　创建内部图块

AutoCAD 中的图块分为"内部块"和"外部块"两种。这两种块的区别在于：用 BLOCK 命令定义的图块，称为"内部块"，只能在图块所在的当前图形文件中通过块插入来使用，不能被其他图形引用。另外，为了使图块成为公共图块（可供其他图形文件插入或引用），即"外部块"，AutoCAD 提供了保存图块（WBLOCK，即 WRITE BLOCK）命令，将图块单独以图形文件（*.dwg）的形式存盘。

7.2 定义块属性

"定义块"命令功能：要定义一个图块，必须先绘制组成图块的实体，使用 BLOCK 命令来定义图块，并选择构成图块的实体。在当前图形中定义块，可以将其随时插入。

"定义块"命令常用的调用方法如下：

（1）功能区：单击"默认"选项卡"块"面板中的"创建"按钮；

（2）命令行：输入 BLOCK（快捷命令 B）并按 Enter 键。

利用矩形（REC）、直线（L）、修剪（TR）等命令画出标高符号，并定义为块"标高"，如图 3-55 所示。

操作步骤如下：

（1）创建要在块定义中使用的对象。

1）利用"矩形"命令（REC）绘制 60×30 的矩形；

2）利用"直线"命令（L）画出倒三角，如图 3-56 所示；

3）利用"分解"命令（X）分解矩形；

4）利用"修剪"（TR）等命令删除矩形三条边，留下一个倒三角形状；

5）打开正交模式（F8），单击倒三角左侧夹点，向左拉伸出长度为"60"的直线段，完成标高符号绘制，如图 3-57 所示。

图 3-55 标高

图 3-56 倒三角符号

图 3-57 标高符号

（2）定义标高值文字属性：

1）添加属性命令：ATTDEF 确定。

2）打开"属性定义"对话框，创建用于在块中存储数据的属性定义。在"属性定义"对话框按图 3-58 填写属性，确定后确认插入点，即直线左侧夹点，完成如图 3-55 所示的标高符号绘制。

（3）执行"定义块"命令。

（4）在"块定义"对话框（图 3-59）中输入新的块定义的名称。

（5）在"对象"下选择"转换为块"。

注意事项： 如果选定了"删除"，在创

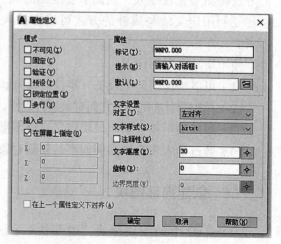

图 3-58 "属性定义"对话框

建块时将从图形中删除原对象。

（6）在"基点"和"对象"中，确保"在屏幕上指定"未被选中。

（7）选择对象。使用定点设备选择要包括在块定义中的对象。按 Enter 键完成对象选择。

（8）在"块定义"对话框的"基点"选项组下，使用以下方法之一指定块插入点：

1）单击"拾取点"，使用定点设备指定一个点。

2）输入该点的（X，Y，Z）坐标值。

（9）在"说明"框中输入块定义的说明。

（10）单击"确定"按钮。

（11）单击"块编辑器"上下文选项卡中的"打开 / 保存"面板，单击"保存块"按钮 。

（12）单击"关闭块编辑器"按钮。

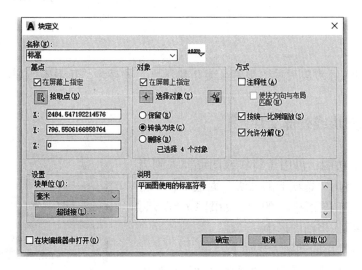

图 3-59　块定义

课堂练习

制作室外标高（实心倒黑三角）符号并定义文字属性，如图 3-60 所示。

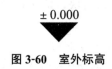

图 3-60　室外标高

7.3　创建外部图块

保存图块（WBLOCK）命令将选定对象保存到指定的图形文件或将块转换为指定的图形文件。将图 3-55 的块"标高"定义为外部图块，另存为"标高 .dwg"。操作步骤：

（1）在命令行输入 WBLOCK 将显示"写块"对话框，如图 3-61 所示，可以按照命令行提示指定新图形文件的名称。

（2）需要在"源"选项组中确定要保存为块文件的图形类型。单选"块"是指将定义好的块保存为图形文件；单选"整个图形"指将当前整个图形保存为图形文件；单选"对象"按钮可通过对象选项组在绘图屏幕区用鼠标选择所需的图形对象。

（3）在"目标"选项组中，"文件名和路径"指定文件名和保存块或对象的路径，"插入单位"指定插入块时所用的测量单位。

图 3-61　写块

📖 课堂练习

将图 3-24（b）环形阵列后图形定义为外部图块，另存为"环形阵列 .dwg"。

7.4　插入图块或外部文件 🔲

"插入"命令功能：可用于将块或图形插入到当前图形中。在"常用"选项卡的"块"面板中，单击"插入"以显示当前图形中块的库，如图 3-62 所示，将"标高"图块插入当前图形中。

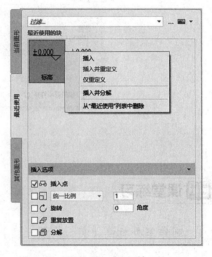

图 3-62　插入块

"插入"命令常用的调用方法如下：

（1）功能区：单击"默认"选项卡"块"面板中的"插入块"按钮 🔲；

（2）命令行：输入 INSERT（快捷命令 I）并按 Enter 键。

操作步骤如下：

（1）执行"插入"命令。

（2）若要插入已在当前图形中定义的块，请执行以下操作之一：

1）从现有块定义的列表中选择一个块名称。

2）在"插入"对话框的"名称"框中，输入块名称。

（3）若要选择外部图形文件，请单击"浏览"，然后指定要插入的图形文件。

（4）如果需要使用定点设备指定插入点、比例和旋转角度，请选择"在屏幕上指定"。否则，请在"插入点""缩放比例"和"旋转"框中分别输入值。

（5）如果要将块中的对象作为单独的对象而不是单个块插入，请选择"分解"。

（6）单击"确定"按钮。

为平面图插入多个"室外标高"图块。

7.5 创建动态块

通过动态块,可以插入一个可更改形状、大小或配置的块,而不是插入许多静态块定义中的一个。例如,可以创建一个阀门块,而无须为不同的阀门类型和大小设置创建多个块。插入该块后,可以随时选择阀门类型。还可以定义能够拉伸、旋转和翻转的动态块,以及生成阵列等。创建左右翻转的标高动态图块,如图3-63所示。

图3-63　左右翻转的标高图块

定义动态块至少需要包含一个参数和一个此参数支持的运动,下面以翻转为例介绍动态块的定义过程。

操作步骤如下:

(1)首先创建一个块,然后在命令行提示下输入"BEDIT"命令后按 Enter 键,屏幕上将弹出"编辑块定义"对话框。在此对话框可以输入或选择块的名称。

(2)选择已创建好的块(以"标高"为例),单击"编辑块定义"对话框中的"确定"按钮,屏幕进入定义动态块状态,弹出"块编写选项板",如图3-64所示,包含"参数""动作""参数集""约束"4个选项表面板。

(3)"块编写选项板"中"参数"选项表向动态块添加参数工具。参数用于指定几何图形在块参照中的位置、距离和角度。将参数添加到动态块定义中时,该参数将定义块的一个或多个自定义特性。如单击图3-64中的"翻转"按钮,命令行提示翻转的基点,单击标高的定点作为翻转基点。命令行继续提示定义投影线参数,单击标高符号倒三角上部底线的中点作为基点,向下垂直拉出基准线,命令行提示定义标签的位置,在合适位置单击确定"翻转状态",将出现"翻转状态1"标签,如图3-65所示。图中 ! 表示参数与动作没有关联,或动作未与参数或选择集关联。要更正这些错误,将鼠标光标悬停在黄色警告图标上,直至工具提示显示该问题的说明。然后双击约束并按提示操作。

图3-64　块编写选项板

命令行提示:

```
命令:_BPARAMETER 翻转
指定投影线的基点或 [名称(N)/标签(L)/说明(D)/选项板(P)]:
指定投影线的端点:
指定标签位置:
```

(4)"块编写选项板"中"动作"选项表可向动态块定义中添加动作。动作定义了在图形中操作块参照的自定义特性时,动态块参照的几何图形将如何移动或变化,应将动作与参数相关联。如单击其中的"翻转"按钮，命令行提示选择参数，单击图中"翻转状态1"。命令行继续提示选择翻转对象（选择标高符号和标高值），单击标高的所有边，并按 Enter 键结束选择。此时动作与参数相关联，图形右下方有翻转动作按钮，如图 3-66 所示。

图 3-65　翻转状态　　　　　图 3-66　定义动作

命令行提示：

命令：_BACTIONTOOL 翻转
选择参数：
指定动作的选择集
选择对象：找到 4 个，总计 4 个
命令：_BTESTBLOCK 正在重生成模型

（5）"块编写选项板"中"参数集"选项表提供向动态块添加一个参数和至少一个动作的工具。将参数集添加到动态块中时，动作将自动与参数相关联。

（6）"块编写选项板"中"约束"选项表提供将几何约束和约束参数应用于对象的工具。

（7）单击面板的"测试块"　。在块编辑器内显示一个窗口，以测试动态块。在保存或退出块编辑器之前，请测试动态块定义。

（8）单击"打开 / 保存"面板的"保存块"按钮，单击"关闭块编辑器"按钮。

（9）退回到 AutoCAD 的绘图屏幕状态。在命令行输入 INSERT 后按 Enter 键，弹出"插入"对话框，选择块"标高"插入到图形中，图形上出现输入翻转的提示。单击"翻转"按钮，即可对标高图块进行翻转，完成图块的制作。

📖 课堂练习

完成室内标高（空心倒三角）的绘制、块定义及上下翻转动态块编辑，如图 3-67 所示。

图 3-67　标高的上下翻转动态块

任务 8　图层的设置与管理

任务目标

掌握图层的设置与管理等的操作方法。

掌握并能够执行制图国家标准及其有关的技术标准。

1. 安装 AutoCAD 软件。
2. 自行学习"8.1 图层特性管理器"。

1. 五人一组,其中一名学生担任组长。课前观看视频中关于"模块 3 编辑方法"中任务 8 对应编辑方法,并复习前面章节所述的内容。

2. 学生先独立完成任务中例图及课堂练习的编辑与绘制。绘图过程中如遇到问题,由组内互助解决。绘制完成后,组内成员互相点评。

3. 完成后,由教师作点评和补充。

"图层"是用来组织和管理图形的一种方式。它允许将图形中的内容进行分组,每组作为一个图层。可以根据需要建立多个图层,并为每个图层指定相应的名称、线型、颜色。熟练运用图层可以大大提高图形的清晰度和工作效率,这在复杂的工程制图中尤其明显。如在房屋平面图中,可以创建基础、楼层平面、门、装置、电气等图层。当创建一组标准图层后,可以将该图形另存为样板文件(.dwt),以便在启动新图形时使用该文件。

8.1 图层特性管理器

AutoCAD 使用图层特性管理器来管理图层(图 3-68)。除图层特性管理器外,还可以在功能区的"默认"选项卡中,访问"图层"面板上的图层工具(图 3-69)。图层特性管理器具备以下功能:

(1)创建、重命名和删除图层;

(2)设置当前图层(新对象将自动在其中创建);

(3)为该图层上的对象指定默认特性;

(4)设置图层上的对象是显示还是关闭;

(5)控制是否打印图层上的对象;

(6)设置图层是否锁定以避免编辑;

(7)控制布局视口的图层显示特性;

(8)对图层名进行排序、过滤和分组。

在 AutoCAD 中,图层(Layer)控制包括创建和删除图层、设置颜色和线型、控制图层状态等内容。在命令行输入 LAYER(快捷键 LA)并按 Enter 键即可启动该命令。激活

LAYER 命令后，AutoCAD 将弹出"图层特性管理器"对话框，如图 3-68 所示。

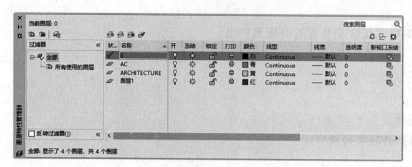

图 3-68 "图层特性管理器"对话框   图 3-69 图层工具

在"图层特性管理器"对话框中，可完成创建图层、删除图层、重设当前图层、颜色控制、状态控制、线型控制及打印状态控制等。

8.2 图层的创建及设置

1. 新建图层

在绘图过程中，可随时创建新图层，为图形新增图层，见表 3-1。

表 3-1 新增图层

图层名	图层用途
0	系统默认图层
标高	放置标高符号
尺寸	放置图形尺寸标注
图注	为图形添加图名
文字	增加文字注释

操作步骤如下：

（1）在"图层特性管理器"对话框中单击"新建图层"按钮 。AutoCAD 将自动生成一个名叫"图层 n"的图层，其中"n"是数字，表明它是所创建的第几个图层。

（2）将其更改为所需要的图层名称。在图层特性管理器对应图层处单击鼠标右键即可重命名。在对话框内任一空白处单击，或按 Enter 键即可结束创建图层的操作，如图 3-70 所示。

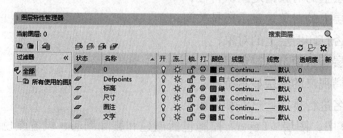

图 3-70 新建图层

提示：作为默认设置，系统提供一个名为"0"的图层。这个图层最初设置为"开"，颜色为"白色"（如果绘图区域的背景颜色是白色，则显示为黑色），线型为"Continuous"（连续的实线），线宽为"默认"。"0"图层有两种用途：

（1）确保每个图形至少包括一个图层。

（2）提供与块中的控制颜色相关的特殊图层。

注意事项：无法删除或重命名"0"图层。建议创建几个新图层来组织图形，而不是直接在"0"图层上创建整个图形。

2. 删除图层

在绘图过程中，可随时删除一些不用的图层。操作步骤如下：

（1）在"图层特性管理器"对话框的图层列表框中单击要删除的图层。此时该图层名称呈高亮度显示，表明该图层已被选择。

（2）按 Delete 键，或者单击"删除图层"按钮，即可删除所选择的图层。0 层、定义点图层、当前层（正在使用的图层）、含有图形对象的图层不能被删除。

提示：若要删除所有未使用的图层，使用清理（PURGE）命令 。

3. 设置当前层

当前层就是当前绘图层，只能在当前层上绘制图形，而且所绘制实体的属性将继承当前层的属性。当前层的层名和属性状态都显示在图层工具栏上。AutoCAD 默认 0 层为当前层。设置当前层有以下 4 种方法：

（1）在"图层特性管理器"对话框中，选择所需的图层名称，使其是高亮度显示，然后单击"置为当前"按钮。

（2）选择某个图形实体，然后单击图层工具栏中的"将对象的图层设置为当前"按钮，即可将实体所在的图层设置为当前层。

（3）在图层工具栏中的图层控制下拉列表框，将高亮度光条移至所需的图层名上，单击鼠标左键。此时新选的当前层就出现在列表框区域内。

（4）在命令行输入 CLAYER 并按 Enter 键，出现下列提示：

输入 CLAYER 的新值 <"0">：（在此提示后输入新选的图层名称）

按 Enter 键即可将所选的图层设置为当前层。

默认情况下，将在当前图层上绘制所有新对象。"图层特性管理器"中的"状态"列中显示" ✔ "指示当前图层，如图 3-68 所示。

4. 图层的打开、关闭、冻结、锁定

在 AutoCAD 2020 中，可以赋予每个图层各自的颜色、线型、线宽打印样式等各种特性，以及打开、关闭、冻结、锁定等不同的状态。如果在使用"新建"按钮创建新图层之前选择了一个图层，则新图层将继承所选图层的所有特性。要改变图层的状态，可打开图 3-69 所示的"图层"面板，然后单击各图层名称前面的 ●☀🔓 标志，即打开 / 关闭、冻结 / 解冻或锁定 / 解锁图层，还可以控制图层上对象的可见性，方法是打开 / 关闭图层或通过冻结 / 解冻图层。

$\heartsuit$ $\heartsuit$ 可以根据需要关闭和打开图层。关闭图层中的对象将在图形中不可见。

$\heartsuit$ $\heartsuit$ 解冻和冻结图层类似于将其打开与关闭。但是，在处理具有大量图层的图形时，冻结不需要的图层可以提高显示和重新生成的速度。例如，在执行"范围缩放"期间将不运算冻结层上的对象。

$\square$ $\square$ 解锁和锁定选定图层。无法修改锁定图层中的对象。将光标悬停在锁定图层中的对象上时，对象显示为淡色并显示一个小锁图标。

请注意：当前图层是无法被冻结的。

课堂练习

按表 3-2 图层要求，新建图层。

表 3-2　设置图层

图层名称	颜色（颜色索引号）	线型	线宽 /mm
轴线	红色（1）	单点长画线 ACAD_ISO10W100	0.15
标注及文字	绿色（3）	实线 CONTINUOUS	0.15
轮廓线	洋红色（6）	实线 CONTINUOUS	0.50
道路（红）线	白色（7）	实线 CONTINUOUS	0.20
填充线	灰色（8）	实线 CONTINUOUS	0.15
墙柱	灰色（255）	实线 CONTINUOUS	0.30
门窗	青色（4）	实线 CONTINUOUS	0.15
楼梯台阶	黄色（2）	实线 CONTINUOUS	0.25
标高	绿色（3）	实线 CONTINUOUS	0.15

8.3　图层的特性修改

1. 设置图层颜色（COLOR）

默认情况下，所绘制对象的颜色、线型和线宽将使用当前图层的颜色、线型和线宽（称为"随层"颜色、线型或线宽）。随图层指定颜色可以轻松识别图形中的每个图层。

设置"轴线"图层的颜色为红色（1）。

操作步骤如下：

（1）在图 3-68 所示的"图层特性管理器"对话框中，选中某一图层后，单击该图层的"颜色"图标■，将弹出如图 3-71 所示的"选择颜色"对话框。

（2）在"索引颜色"选项卡中，选取"红色（1）"，

图 3-71　"选择颜色"对话框

单击"确定"按钮完成图层颜色设置，返回到"图层特性管理器"对话框。

📖 课堂练习

按表 3-2 图层要求，分别对不同图层颜色进行设置。

2. 设置图层线型（LINETYPE）

设置"轴线"图层的线型：单点长画线 ACAD_ISO10W100。

操作步骤如下：

（1）在图 3-68 所示的"图层特性管理器"对话框中，选中某一图层后，单击该图层的"线型"图标，将弹出如图 3-72 所示的"选择线型"对话框。系统默认已加载的线型只有"Continuous"（连续实线）一种，只有已经加载到当前图形中的线型才显示在"选择线型"对话框中。

（2）若要使用没有在对话框中显示的线型，则必须首先选择"加载"按钮以加载这个线型。单击图 3-72 所示的"选择线型"对话框中的"加载"按钮，将弹出如图 3-73 所示的"加载或重载线型"对话框，在"可用线型"列表中，选择一个或多个要加载的线型。

（3）单击"确定"按钮，这些线型即会显示在"选择线型"对话框中。

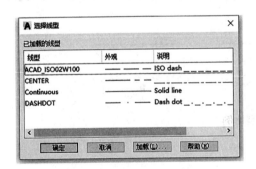

图 3-72 "选择线型"对话框

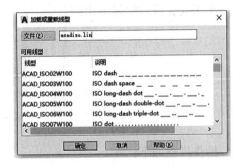

图 3-73 "加载或重载线型"对话框

📖 课堂练习

按表 3-2 图层要求，分别对不同图层线型进行设置。

3. 设置图层线宽（LINEWEIGHT）

"线宽"是指定给图形对象及某些类型的文字的宽度值。通过为不同的图层指定不同的线宽，可以用粗线和细线清楚地区分不同构造及细节上的不同表现。由于线宽属性属于打印设置，因此，默认情况下系统并未显示线宽设置效果，图形显示出的线宽均为 1 个像素（如果对象的线宽值为 0.25 mm 或更小，则将在模型空间中以 1 个像素显示），并将以打印设备允许的最细宽度打印。

设置"轴线"图层的线宽 0.15 mm，在绘图区域显示线宽的设置效果。

操作步骤如下：

（1）可在图3-68所示的"图层特性管理器"对话框中，选中某一图层后，单击与该图层关联的"线宽"图标，将弹出图3-74所示的"线宽"对话框。

（2）在列表中选择某一线宽后，单击"确定"按钮完成线宽设置，返回到"图层特性管理器"对话框。

提示：通过单击状态栏上的"显示/隐藏线宽"按钮  可以打开或关闭线宽的显示。此设置不影响线宽打印。

图3-74 "线宽"对话框

📖 课堂练习

按表3-2图层要求，分别对不同图层线宽进行设置。

4. 修改线型比例因子

线型（LINETYPE）是点、横线和空格等按一定规律重复出现而形成的图案，默认情况下，全局和单独的线型比例均设置为1.0。比例越小，每个绘图单位中生成的重复图案数越多，如图3-75所示。如果图形中的线型（如点画线）显示过于紧密或过于疏松，可设置比例因子来改变线型的显示比例。

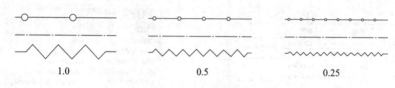

1.0	0.5	0.25

图3-75 线型比例

操作步骤如下：

（1）执行菜单栏"格式"→"线型"命令，弹出如图3-76所示的"线型管理器"对话框。

图3-76 "线型管理器"对话框

（2）单击"显示细节"按钮，展开"详细信息"选项组，修改"全局比例因子"，可改变所有图形的线型比例。

（3）对于个别图形线型比例的修改，则应修改"当前对象缩放比例"。输入比例因子的新值后，单击"确定"按钮即可。

8.4 图层状态的管理

1. 保存图层状态

图层状态类似现有图层和创建图层状态时图层设置的快照。图层状态会保存到图形中，并且可以随时恢复。保存图层的当前状态，以便可以轻松地返回到当前状态。命名并保存"关闭注释"状态，以快捷打开或关闭文字注释。

操作步骤如下：

（1）使用"图层特性"(LAYER)命令 打开"图层特性管理器"。

（2）在"图层特性管理器"中，单击"图层状态管理器"按钮 ，激活"图层状态管理器"，如图 3-77 所示。

（3）在"图层状态管理器"对话框中，单击"新建"按钮，激活"要保存的新图层状态"对话框，如图 3-78 所示。

（4）在弹出的"要保存的新图层状态"对话框中，输入新图层状态的名称（如"默认"），然后单击"确定"按钮返回"图层状态管理器"对话框。

（5）单击"关闭"按钮返回图形。

（6）更改一些图层特性，并保存另一个图层状态。例如，关闭图层、标注、引线和文字、将"标注及文字"图层更改为关闭等。将新状态保存为图层状态，以便可以轻松返回到该组图层特性。

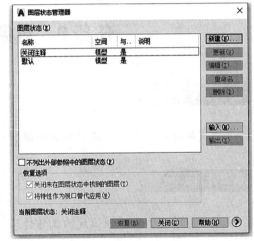

图 3-77　图层状态管理器

（7）在"图层状态管理器"对话框中，单击"新建"按钮。

（8）在弹出的"要保存的新图层状态"对话框中输入新图层状态的名称（如"注释关闭"），单击"确定"按钮返回"图层状态管理器"对话框，然后单击"关闭"按钮。

2. 恢复图层状态

如果想要返回到某一时刻的图层集及其特性（如显示文字注释），可以随时恢复保存的图层状态。

（1）单击"图层状态管理器"按钮 。

（2）选择之前创建的"默认"图层状态，然后单击"恢复"按钮。这些图层将全部重新打开，并恢复"标注及文字"图层，更改显示为打开。

切换回"关闭注释"图层状态。

1）单击"图层状态管理器"按钮 。

2）选择"关闭注释"图层状态。

3）单击"恢复"按钮。

如果使用功能区上的图层状态下拉列表，则可以将光标悬停在图层状态名称上以查看图层状态的预览。要恢复图层状态，在下拉列表中单击其名称，如图3-79所示。

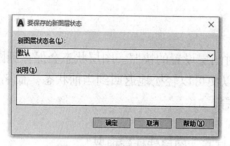

图3-78　保存图层状态

图3-79　图层状态下拉列表

任务9　对象特性与特性匹配

任务目标

掌握对象特性与特性匹配命令的操作方法。

素质目标

培养自学能力和严谨细致的工作作风。

任务准备

1. 安装AutoCAD软件。

2. 下载"图3-80 减震器.dwg"。

任务组织

1. 五人一组，其中一名学生担任组长。观看视频中关于"模块3 编辑方法"中任务9对应编辑方法。

2. 学生先独立修改对象特性及进行特性匹配，编辑完成后，组内成员互相点评。

3. 完成后，由教师作点评和补充。

4. 完成课后练习。

9.1 对象特性

对象特性控制对象的外观和行为，并用于组织图形。使用对象"特性"将图 3-80 减震器弹簧螺旋线线宽、线型、颜色等特性分别改为 0.3 mm、点虚线、红色。

对象"特性"命令常用的调用方法如下：

（1）功能区：单击"默认"选项卡"特性"面板中的展开按钮 ↘；

（2）命令行：输入 PROPERTIES（快捷命令 MO）并按 Enter 键；

（3）按 Ctrl+1 组合键。

使用上述方法，可激活当前对象"特性"命令，并列出选定对象的特性，如图 3-81 所示。选择多个对象时，仅显示所有选定对象的公共特性。每个对象都具有常规特性，包括其图层、颜色、线型、线型比例、线宽、透明度和打印样式。另外，对象还具有类型所特有的特性。例如，圆的特殊特性包括其半径和区域。当指定图形中的当前特性时，所有新创建的对象都将自动使用这些设置。例如，如果将当前图层设定为"标注"，所创建的对象将在"标注"图层中。

在功能区中的"常用"选项卡上，使用"图层"和"特性"面板来确认或更改最常访问的特性的设置：图层 ◢、颜色 ◉、线宽 ▤ 和线型 ▤，如图 3-82 所示。

在图 3-82 功能区中的"特性"面板中，如果将当前颜色 ◉、线宽 ▤ 或线型 ▤ 设定为 "ByLayer"，将使用指定给当前图层的颜色、线宽或线型来创建对象。如果将当前颜色 ◉、线宽 ▤ 或线型 ▤ 设定为 "ByBlock"，在将对象编组到块中之前，将使用默认颜色、线宽或线型设置来创建对象。将块插入到图形中时，该块将采用当前颜色、线宽或线型设置。

图 3-80　特性匹配：减震器

图 3-81　"特性"选项板

操作步骤如下：

（1）激活"特性"命令。

（2）选择减震器弹簧螺旋线。

（3）参考图 3-83 设置减震器弹簧螺旋线参数。

图 3-82　功能区中的"特性"面板

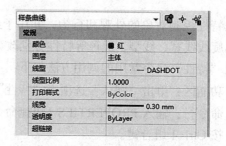
图 3-83　设置减震器弹簧螺旋线参数

📖 课堂练习

　　使用"特性"面板将图 3-80 减震器的离心风机部分的线宽、线型、颜色等特性分别改为 0.2 mm、Continuous、青色。

9.2　特性匹配

　　使用"特性匹配"将线宽、线型、颜色等特性从图 3-80 右侧减震器弹簧螺旋线复制到左侧螺旋线。

　　"特性匹配"命令功能：可以将特性从一个对象复制并粘贴到另一个对象。特性可以包括常规对象特性，如图层、颜色、线型、线型比例和线宽。它们还可以包含特定于对象类型的特性，如标注样式或填充图案。将特性从一个对象复制到其他对象可以节省时间。选定的第一个对象是源对象，其特性将复制到所有目标对象。

　　"特性匹配"命令常用的调用方法如下：

　　（1）功能区：单击"默认"选项卡"特性"面板中的"特性匹配"按钮；

　　（2）命令行：输入 MATCHPROP（快捷命令 MA）。

　　特性匹配减震器操作步骤如下：

　　（1）执行"特性匹配"命令；

　　命令行提示：

> 选择源对象：（选择包含要复制到其他线的特性的线）
> 　当前活动设置：颜色 图层 线型 线型比例 线宽 透明度 厚度 打印样式 标注 文字 图案填充 多段线 视口 表格材质 多重引线中心对象
> 　选择目标对象或［设置（S）］：（特性将复制到所有目标对象。如果将光标悬停在要将特性复制到的线上，会看到更改的预览）

　　（2）按 Esc 键或 Enter 键退出命令。

使用"特性匹配"将图 3-80 减震器的弹簧螺旋线以外的所有图形的线宽、线型、颜色等特性分别改为离心风机部分的样式（0.2 mm、Continuous、青色）。

💡 课后练习

1. 根据尺寸完成图 3-84 所示图形的绘制，无须标注尺寸。
2. 根据尺寸完成图 3-85 所示图形的绘制，无须标注尺寸。

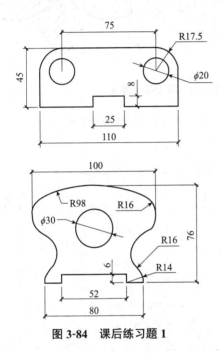

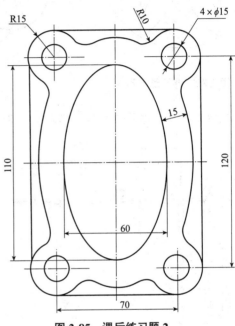

图 3-84　课后练习题 1

图 3-85　课后练习题 2

3. 根据尺寸完成图 3-86 所示图形的绘制，无须标注尺寸。
4. 根据尺寸完成图 3-87 所示图形的绘制，无须标注尺寸。

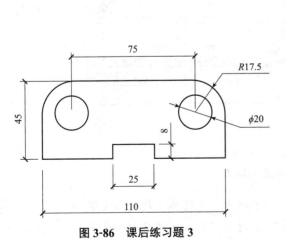

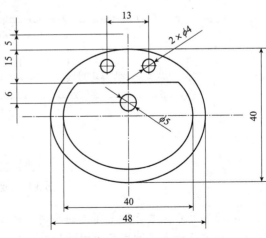

图 3-86　课后练习题 3

图 3-87　课后练习题 4

5. 根据尺寸完成图 3-88 所示图形的绘制，无须标注尺寸。

6. 根据尺寸完成图 3-89（a）所示图形的绘制，无须标注尺寸。在图 3-89（a）的基础上裁剪圆形，填充图案，完成图如图 3-89（b）所示。

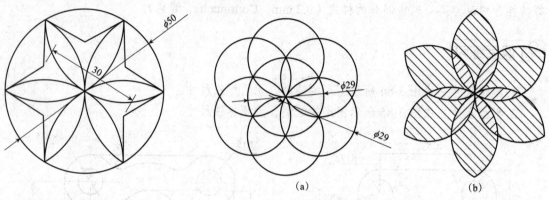

图 3-88　课后练习题 5　　　　　　　　　　**图 3-89　课后练习题 6**

7. 根据尺寸完成首层平面图的绘制，如图 3-90 所示，无须标注尺寸和文字。

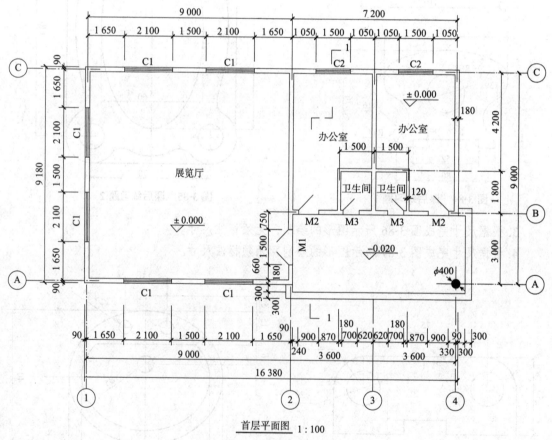

首层平面图 1:100

图 3-90　课后练习题 7

8. 根据尺寸完成首层平面图的绘制，如图 3-91 所示，无须标注尺寸和文字。

9. 根据尺寸完成首层平面图的绘制，如图 3-92 所示，无须标注尺寸和文字。

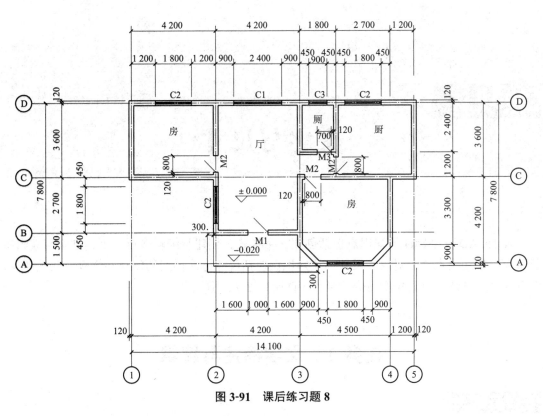

图 3-91　课后练习题 8

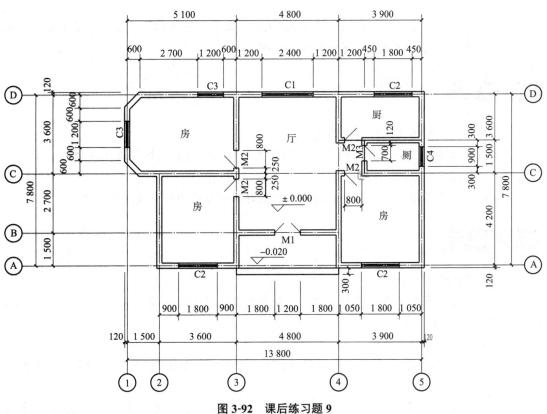

图 3-92　课后练习题 9

模块 4

文字与尺寸

AutoCAD 文字标注的知识点包括创建文字样式，创建与编辑多行文字，创建与编辑单行文字，使用夹点修改对象。尺寸标注知识点包括尺寸标注样式的创建和修改：线性命令，对齐命令，基线命令，角度命令，半径（直径）命令，引线命令。

任务 1　文字标注与编辑

任务目标

通过完成图 4-1 的绘制，熟练掌握 AutoCAD 的文字创建与编辑，并能够在工程图纸上使用符合工程制图国家标准的文字样式标注文字。

素质目标

1. 培养学生之间的团队协作与沟通。

2. 通过对文字样式设置方法的学习，掌握文字标准的设置，懂得在标准的约束下才能够实现社会的安定。

3. 通过对学生学习方法的引导，培养学生良好的学习能力和自我发展能力。

任务准备

1. 安装 AutoCAD 软件。

2. 了解国家发布的工程制图相关标准。查阅相关标准《房屋建筑制图统一标准》（GB/T 50001—2017）中字体部分。

3. 了解标题栏和会签栏的作用。

4. 综合应用 AutoCAD 命令，根据图 4-2 所示的尺寸，绘制不含文字的标题栏（不需要标注尺寸）。

5. 新建"文字"图层，用于文字输入。图层颜色为白色，线型为 Continuous，其余为默认值。

1. 课前查阅相关标准《房屋建筑制图统一标准》（GB/T 50001—2017）中"5 字体"部分。

2. 学生根据教师的讲解完成任务内的案例及相关练习，最终完成图 4-1 的绘制。绘图过程中，小组内成员通过互相帮助，解决所遇到的问题。完成案例绘制后，组内成员互相点评。

100%室内设计有限公司		工程名称	360°全景餐厅装修设计	工程号	
项目负责	专业负责	建设单位		图别	电气
专业审定	设　计	图　名	360°全景餐厅电气平面图	图号	DS-04
校　对	制　图			日期	2023.03

图 4-1　标题栏

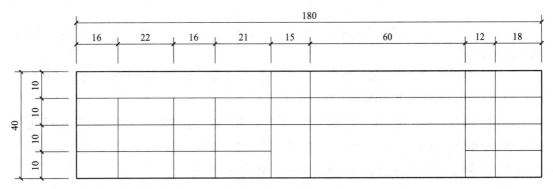

图 4-2　标题栏尺寸

1.1　文字样式的要求

文字是 AutoCAD 绘图中重要的图形要素，是工程图样中必不可少的组成部分，通常用于工程图样中的标题栏、明细栏、技术要求、装配说明、加工要求等一些非图形信息的标注。文字的高度应从表 4-1 中选用。字高大于 10 mm 的文字宜采用 True type 字体。

表 4-1　文字的高度

字体种类	汉字矢量字体	True type 字体及非汉字矢量字体
字高 /mm	3.5、5、7、10、14、20	3、4、6、8、10、14、20

图样及说明中的汉字，宜优先采用 True type 字体中的宋体字型，采用矢量字体时应为长仿宋体字型。矢量字体的宽高比宜为 0.7，且应符合表 4-2 的规定，打印线宽宜为 0.25 ～ 0.35 mm；True type 字体宽高比宜为 1。大标题、图册封面、地形图等的汉字，也可

书写成其他字体，但应易于辨认，其宽高比宜为 1。图样及说明中的字母、数字，宜优先采用 True type 字体中的 Roman 字型。字母及数字的字高不应小于 2.5 mm。

表 4-2　长仿宋体字高和字宽的关系　　　　　　　　　　　　　　mm

字高	3.5	5	7	10	14	20
字宽	2.5	3.5	5	7	10	14

📖 课堂练习

1.（填空题）矢量字体的宽高比宜为 _____。

2.（选择题）以下字高不是制图标注推荐的字高的是（　　　）mm。

　A. 3　　　　　　　B. 5　　　　　　　C. 7　　　　　　　D. 9

1.2　文字样式设置 A

通过"文字样式"对话框新建文字样式：样式名称为"标题栏"，选用"仿宋"字体，宽高比为 0.7。

AutoCAD 中的"文字样式"规定了字体、字号、倾斜角度、方向和其他文字特征。
"文字样式"对话框常用的调用方法如下：

（1）功能区：单击"默认"选项卡"注释"面板下拉列表中的"文字样式"按钮 A；

（2）菜单栏：执行菜单栏"格式"→"文字样式"按钮 ；

（3）命令行：输入 STYLE（快捷命令 ST）并按 Enter 键。

激活命令后，弹出"文字样式"对话框，如图 4-3 所示。对话框中各项目说明如下。

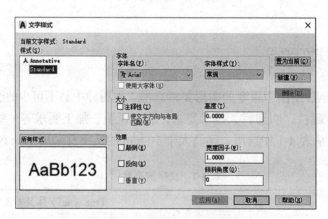

图 4-3　"文字样式"对话框

1."样式"列表

选择样式的名称。可利用"新建""删除"两个命令来新建和删除文字样式。
文字样式名称最长可达 255 个字符。名称中可包含字母、数字和特殊字符，如美元符号（$）、下画线（_）和连字符（-）。如果不输入文字样式名称，将自动把文字样式命名为样式 n。

在"文字样式"对话框中的"样式"区域列表中包括了所有已建立的文字样式，并显示当前的"Standard"文字样式，可以在此对话框中修改现有的文字样式。可以使用"PURGE"命令从图形中删除未参照的文字样式，也可以通过从对话框中删除文字样式来执行此操作。

2."字体"选项组

字体名：在下拉列表中选择需要的字体。可以利用"使用大字体"来选择是否使用大字体。具体内容详见 1.3 节中"2. 使用不同的文字样式输入中文"。

3."大小"选项组

（1）"注释性"复选框用来指定文字为"解释"性文字。

（2）在"高度"数据框中设置默认字高。

4."效果"选项组

可以设置文字的颠倒、反向、垂直等效果。

（1）"宽度因子"设置宽度系数，确定文本字符的宽高比。当比例系数为 1 时表示将按字体文件中定义的宽高比标注文字。此系数小于 1 时字会变窄，反之变宽。

（2）"倾斜角度"来设置文字字头的倾斜角度。角度为 0 时不倾斜，为正时向右倾斜，为负时向左倾斜。"颠倒"和"反向"选项对多行文字对象无影响，修改"宽度因子"和"倾斜角度"对单行文字无影响。

注意事项：

（1）"Standard"（标准）文字样式不能被删除或重命名。而当前的文字样式和已经被引用的文字样式不能被删除，但可以重命名。

（2）字体名中以"@"符号开始的字体将被旋转90°，以便在垂直文字中正确显示。

（3）"高度"选项用于设置字符的高度。如果高度使用默认设置值 0.000 0，那么在单行文字（TEXT）和多行文字（MTEXT）命令下使用此文字样式时，可以在每次调用该命令时改变文字的高度；如果高度设置为其他值，这个值将被用作该文字样式固定的字高，即文字的高度不能改变。笔者建议使用默认设置值 0.000 0，待具体标注时再设置字高。

（4）实际上，AutoCAD 提供了 gbenor.shx、gbeitc.shx 和 gbcbig.shx 字体字型文件。可以用 gbeitc.shx 来书写斜体的数字和字母，用 gbenor.shx 来书写正体的数字和字母，用 gbcbig.shx 来书写长仿宋体汉字。

设置"标题栏"文字样式的操作步骤如下：

（1）单击"文字样式"对话框中的"新建"按钮，弹出"新建文字样式"对话框，如图 4-4 所示。在"样式名："中输入"标题栏"，单击"确定"按钮后，返回"文字样式"对话框。

（2）在"文字样式"对话框中，设置相应参数：字体名"仿宋"，高度为"0.000 0"，宽度因子为"0.700 0"，如图 4-5 所示。设置完成后，单击"应用"按钮即可。

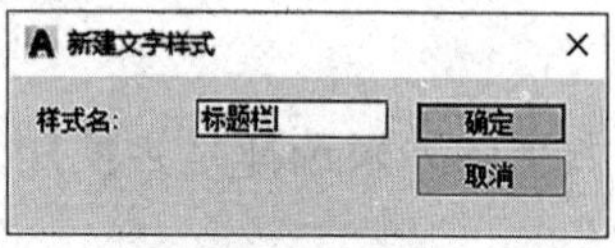

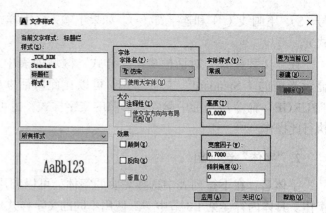

图 4-4 "新建文字样式"对话框

图 4-5 设置"标题栏"文字样式

课堂练习

1. 根据图 4-6~图 4-8 分别设置三种文字样式,样式名分别为"样式 1""样式 2"和"样式 3"。

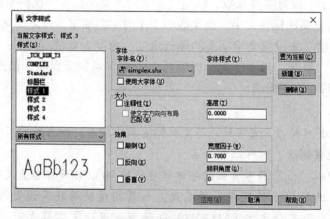

图 4-6 设置文字样式"样式 1"

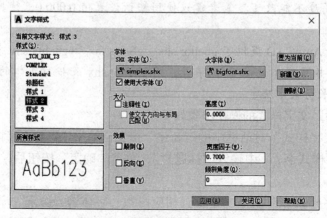

图 4-7 设置文字样式"样式 2"

图 4-8　设置文字样式"样式 3"

2. 选择图 4-9"字体"下拉列表中的任意字体名称，设置文字样式，样式名为"样式 4"。

图 4-9　选择任意字体名称，设置文字样式

1.3　单行文字 A

1. 使用"标题栏"文字样式输入文字

将"标题栏"文字样式置为当前，使用"单行文字"命令在标题栏中输入"项目负责"，字高为"3"，如图 4-10 所示。

项目负责					

图 4-10　输入"项目负责"

对于不需要多种字体或多行的简短项，可以创建单行文字。可以使用单行文字（TEXT）

命令创建一行或多行文字，通过按 Enter 键结束每行文字。每行文字都是独立的对象，可以对其进行重新定位、调整格式或其他修改。

"单行文字"命令功能：创建由简短文字组成的单行文字。

常用的调用方法如下：

（1）功能区：单击"默认"选项卡"注释"面板"文字"下拉列表中的"单行文字"按钮 A；

（2）命令行：输入"TEXT"（快捷命令 DT）并按 Enter 键。

输入文字的步骤如下：

（1）将"1.2 文字样式设置"中设置的"标题栏"文字样式置为当前。

（2）激活"单行文字"命令。

命令行提示：

> 当前文字样式："标题栏"文字高度：2.500 0 注释性：否 对正：左
> 指定文字的起点 或 [对正（J）/ 样式（S）]：（在绘图区域中单击适当的位置，作为"项"文字的左下角起点）
> 指定高度 <2.500 0>：3（字高为 3）
> 指定文字的旋转角度 <0>：0（旋转角度为 0）

（3）在绘图区域中输入文字"项目负责"后，按两次 Enter 键（按第一次 Enter 键表示换行，按第二次 Enter 键结束命令），完成文字的输入。

注意事项：如果按 Enter 键之前，取消"TEXT"命令，将会丢失刚输入的所有文字。

下面就"指定文字的起点 或 [对正（J）/ 样式（S）]"的"对正（J）"进行说明。

当命令行出现上述提示时，键入"J"。此时命令行提示：

> 输入选项 [左（L）/ 居中（C）/ 右（R）/ 对齐（A）/ 中间（M）/ 布满（F）/ 左上（TL）/ 中上（TC）/ 右上（TR）/ 左中（ML）/ 正中（MC）/ 右中（MR）/ 左下（BL）/ 中下（BC）/ 右下（BR）]：

AutoCAD 为单行文字定义了确定文字位置的顶线、中线、基线和底线。顶线位于大写字母的顶部，基线是指大写字母底部所在线。无下行的字号基线即底线，下行的字母（有伸出基线以下部分的字母，如 j、p、y 等）底线与基线并不重合，而中线随文字中有无下行字母而不同，若无下行字母，即大写字母的中部。其中，"对齐（A）"和"布满（F）"要求用户指定文字基线的起始点与终止点的位置。所输入的文本字符均匀地分布于指定的两点之间。如果两点之间的连线不水平，则文本行倾斜。字高、字宽根据两点之间的距离、字符的多少及文本样式中设置的宽度系数自动确定，即指定了两点之后，每行输入的字符越多，字宽和字高越小。其他选项为文字的对正方式，如图 4-11 所示。

2. 使用不同的文字样式输入中文

分别使用建立的"样式 1""样式 2"和"样式 3"三种文字样式，输入"项目负责"，这三种文字样式下输入的中文显示效果如图 4-12 所示。通过对比可得知：

（1）如果在"文字样式"对话框中选用了 SHX 字体，但没有勾选"使用大字体"（样式

1），则输入的中文显示为问号；

（2）如果勾选了"使用大字体"，但是在"大字体"下拉选项中没有选择"gbcbig.shx"（样式2），则输入的中文有可能无法正确显示；

（3）勾选了"使用大字体"，而且在"大字体"下拉选项中选择"gbcbig.shx"（样式3），则输入的中文显示为中文。

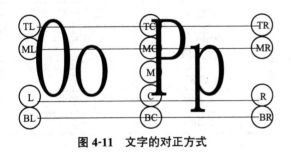

图 4-11　文字的对正方式

????	?目??	项目负责
样式1	样式2	样式3

图 4-12　不同的文字样式输入文字显示效果

📖 课堂练习

1. 使用"单行文字"命令在标题栏中输入"专业审定"，字高为"3"，如图 4-13 所示。

项目负责					
专业审定					

图 4-13　输入"专业审定"

2. 使用"样式 4"文字样式输入英文和数字，看看出现什么样的效果。

1.4　特殊字符

将"标题栏"文字样式置为当前，使用"单行文字"命令在标题栏中输入"360°全景餐厅装修设计"，字高为"3"，如图 4-14 所示。

			360°全景餐厅装修设计		
项目负责					
专业审定					

图 4-14　输入"360°全景餐厅装修设计"

在实际设计绘图中，往往需要标注一些特殊的字符，由于这些特殊字符不能从键盘上直接输入，所以 AutoCAD 提供了特殊符号输入的控制符。常用特殊字符的控制码见表 4-3。

表 4-3　常用特殊字符

符号	功能	符号	功能
%%O	加上画线	\u+2248	几乎相等 "≈"
%%U	加下画线	\u+2220	角度 "∠"
%%D	度符号 "°"	\u+2260	不相等 "≠"
%%P	正 / 负符号 "±"	\u+2082	下标
%%C	直径符号 "φ"	\u+00B2	平方
%%%	百分号 "%"	\u+00B3	立方

注意事项：

（1）上述符号输入必须在英文输入法下输入。

（2）如果使用"标题栏"文字样式输入，有部分特殊字符无法显示。使用"样式 3"文字样式，按表 4-4 输入符号，可以显示特殊字符。

输入特殊字符的步骤如下：

（1）将"1.2 文字样式设置"中设置的"标题栏"文字样式置为当前。

（2）激活"单行文字"命令。文字高度为"3"，旋转角度为"0"。

（3）在绘图区域输入文字"360%%D 全景餐厅装修设计"，按 Enter 键确定完成输入。

📖 课堂练习

将"标题栏"文字样式置为当前，使用"单行文字"命令在标题栏中输入"100% 室内设计有限公司"，字高为"3"，如图 4-15 所示。

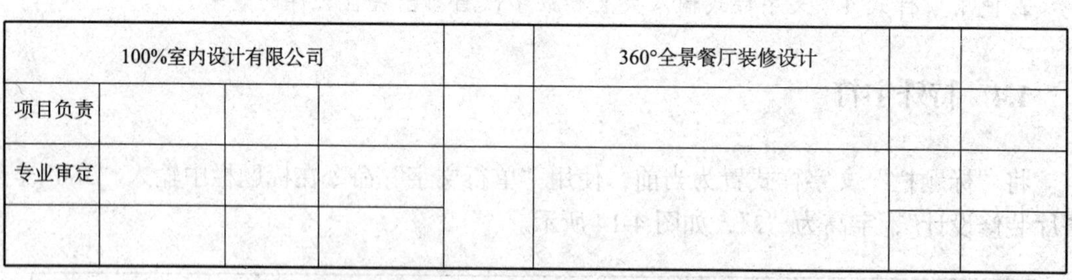

100%室内设计有限公司		360°全景餐厅装修设计		
项目负责				
专业审定				

图 4-15　输入"100% 室内设计有限公司"

1.5　多行文字 A

将"标题栏"文字样式置为当前，使用"多行文字"命令在标题栏中输入"360° 全景餐厅电气平面图"，字高为"5"，如图 4-16 所示。

				360°全景餐厅装修设计			
	100%室内设计有限公司						
项目负责							
专业审定				360°全景餐厅电气平面图			

图 4-16 输入"360°全景餐厅电气平面图"

"多行文字"命令功能：将段落式文本作为一个整体对象进行注写，每个多行文字段无论包含多少字符或段落，都被认为是一个单独对象。段落的宽度由指定的矩形框决定。

常用的调用方法：

（1）功能区：单击"默认"选项卡"注释"面板"文字"下拉列表中的"多行文字"按钮 **A**；

（2）命令行：输入 MTEXT（快捷命令 T 或 MT）并按 Enter 键；

（3）工具栏：单击"绘图"工具栏的"多行文字"按钮 **A**。

执行命令后，当在绘图窗口中指定一个用来放置多行文字的矩形区域后，这时便切换至"多行文字"上下文选项卡，如图 4-17 所示。用它们可设置多行文字的样式、字体等属性。各面板说明如下。

图 4-17 "多行文字"选项卡

1."样式"面板

将文字样式应用到多行文字。

（1）注释性：打开或关闭当前文字对象的"注释性"。

（2）文字高度：设定新文字的字符高度或更改选定文字的高度。

（3）遮罩：显示"背景遮罩"对话框。

2."格式"面板

（1）匹配文字格式：将选定文字的格式应用到目标文字。

（2）粗体：打开和关闭新文字或选定文字的粗体格式。

（3）斜体：打开和关闭新文字或选定文字的斜体格式。"粗体"和"斜体"选项仅适用于使用 True type 字体的字符。

（4）删除线：打开和关闭新文字或选定文字的删除线。

（5）下画线：打开和关闭新文字或选定文字的下画线。

（6）上画线：为新建文字或选定文字打开和关闭上画线。

（7）堆叠：当在文字输入窗口中选中的文字包含"/""^""#"等，需用不同的格式来表示分数或指数等时，用"堆叠"按钮便可实现相应的堆叠与非堆叠的切换。

（8）上标：将选定文字转换为上标，或者将选定的上标文字更改为普通文字。

（9）下标：将选定文字转换为下标，或者将选定的下标文字更改为普通文字。

（10）更改大小写：将选定文字更改为大写或小写。

（11）字体：指定或更改文字的字体。

（12）颜色：指定或更改文字的颜色。

（13）清除格式：删除选定字符的字符格式，或删除选定段落的段落格式，或删除选定段落中的所有格式。

（14）倾斜角度：设定文字指定倾斜角度。倾斜角度表示的是相对于90°角方向的偏移角度。倾斜角为 –85° ～ 85°。倾斜角度的值为正时文字向右倾斜、倾斜角度的值为负时文字向左倾斜。

（15）追踪：增大或减小选定字符之间的空间。1.0 代表常规间距。

（16）宽度因子：扩展或收缩选定字符。1.0 代表常规宽度。

3.“段落”面板

（1）文字对正：确定“文字对正”方式，有 9 个对齐选项可用，“左上”为默认。

（2）项目符号和编号：对列表格式进行编辑。

（3）行距：为当前段落进行行距设置。可以使用预定义的行距选项进行设置，也可以使用“段落”对话框进行设置。“消除段落间距”可以删除当前段落的行距设置。

（4）左对齐、居中、右对齐、两端对齐和分散对齐：设置当前段落的对正和对齐方式。

4.“插入”面板

（1）栏：对文字进行分栏设计。

（2）符号：在光标位置插入符号或不间断空格。

（3）字段：显示“字段”对话框，从中可以选择要插入到文字中的字段。

5.“拼写检查”面板

（1）拼写检查：打开或关闭拼写检查功能。

（2）编辑词典：显示“词典”对话框，添加或删除在拼写检查过程中使用的自定义词典。

6.“工具”面板

（1）查找和替换：打开“查找和替换”对话框，对文字进行查找和替换。

（2）输入文字：打开“选择文件”对话框，选择文件，输入文件内容。

（3）全部大写：启用后，AutoCAD 会检查输入的文字是否存在首字母小写而后面的字母大写的情况。

7.“选项”面板

对字符集、标尺、制表符等进行设置。

还可以执行“放弃”或“重做”命令。

在文字输入窗口中右击鼠标，可以弹出“多行文字”快捷菜单，这个菜单与“文字选项卡”中命令基本对应。

输入文字的步骤：

（1）将"标题栏"文字样式置为当前。

（2）激活"多行文字"命令。

命令行提示：

当前文字样式："标题栏"文字高度：1.5 注释性：否

指定第一角点：（图4-18所示的A点）

指定对角点或［高度（H）/对正（J）/行距（L）/旋转（R）/样式（S）/宽度（W）/栏（C）］：（图4-18所示的B点）

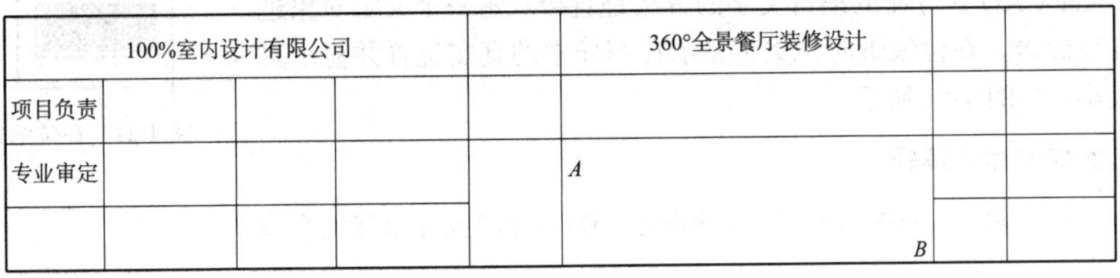

100%室内设计有限公司		360°全景餐厅装修设计		
项目负责				
专业审定		A		
			B	

图 4-18　指定多行文字角点

（3）在"文字编辑器"上下文选项卡中设置字体高度，并再次确定选用的文字样式为"标题栏"，文字对正为"正中"，如图4-19所示。

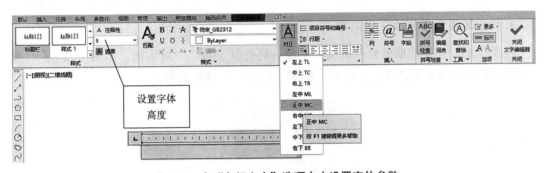

图 4-19　在"多行文字"选项卡中设置字体参数

（4）步骤（2）中指定矩形框的对角点后，绘图区域弹出图4-20所示的"在位文字编辑器"。在输入"360%%D全景餐厅电气平面图"文字后，单击"在位文字编辑器"外部的绘图区域，或者在图4-19所示的"多行文字"选项卡的"关闭"面板中单击"关闭文字编辑器"按钮  ，将保存段落文字并关闭对话框，且将文字放置在指定位置上。

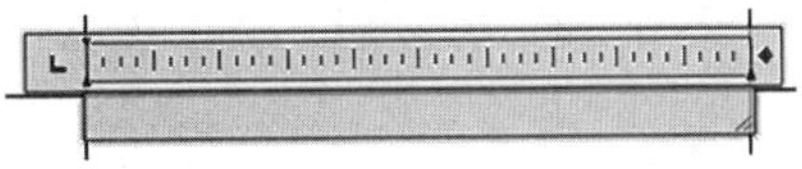

图 4-20　"在位文字编辑器"

📖 课堂练习

1.根据图4-1，使用"多行文字"命令，在标题栏中输入"校对""设计""制图"和"图名"等文字。

2.单击"多行文字"选项卡中的"符号"按钮，试使用该命令输入特殊字符。

1.6 文字编辑

在绘图过程中，有时需要对已标注文本内容、样式等进行编辑修改，常用的方法有以下三种。

1. 在位编辑文字

AutoCAD 最方便的编辑文字的方法是直接双击一个文字对象进行在位编辑。在位编辑时，文字显示在图样中的真实位置并显示真实大小，如图 4-21 所示。

图 4-21 在位编辑

2. 使用命令编辑

命令行输入：TEXTEDIT（快捷命令 ED）并按 Enter 键激活命令。
命令行提示：

当前设置：编辑模式 = Multiple
选择注释对象或［放弃（U）/模式（M）］：（选择需要编辑的文字，编辑完成后按 Enter 键即可）

3. 使用属性命令修改文字内容

在操作中，首先选取要修改的文字对象，再打开"特性"对话框，如图 4-22 所示。在其中可以修改文字对象的颜色、图层、线型、内容、字体样式等。

图 4-22 文字对象属性

参考图 4-1，使用正确的文字样式及字体高度，完成标题栏文字的输入。

任务2 尺寸标注与编辑

任务目标

通过完成图 4-23 的标注，熟练掌握 AutoCAD 的标注创建与编辑，并能够在工程图纸上使用符合工程制图国家标准的标注样式标注尺寸。

素质目标

1. 培养学生之间的团队协作与沟通能力。

2. 通过对标注样式设置方法的学习，掌握标注标准的设置，懂得在标准的约束下才能够实现社会的安定。

3. 通过对学生学习方法的引导，培养学生良好的学习能力和自我发展能力。

任务准备

1. 安装 AutoCAD 软件。

2. 了解国家发布的工程制图相关标准。查阅相关标准《房屋建筑制图统一标准》（GB/T 50001—2017）中"尺寸标注"部分。

3. 综合应用 AutoCAD 命令，根据图 4-23 所示的尺寸，绘制不含尺寸的图形。

4. 新建"标注"图层，用于标注输入。图层颜色为绿色，线型为 Continuous，其余为默认值。

任务组织

1. 课前查阅相关标准《房屋建筑制图统一标准》（GB/T 50001—2017）中"尺寸标注"部分。

2. 学生根据教师的讲解完成任务内的案例及相关练习，最终完成图 4-23 的绘制。绘图过程中，小组内成员通过互相帮助，解决所遇到的问题。完成案例绘制后，组内成员互相点评。

3. 完成课后练习。

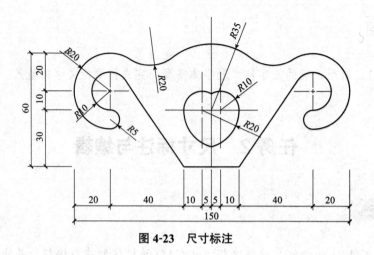

图 4-23　尺寸标注

2.1　尺寸标注的基本知识

尺寸标注是绘图设计中的一项重要内容。图形用来表达物体的形状，而尺寸标注用来确定物体的大小和各部分之间的相对位置。

图样上一个完整的尺寸，应由尺寸界线、尺寸线、箭头（尺寸起止符号）及尺寸文字（数字）组成，如图 4-24 所示。通常，AutoCAD 将这 4 部分作为块处理，因此一个尺寸标注一般是一个对象。

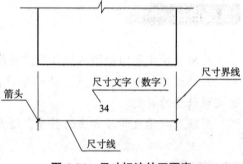

图 4-24　尺寸标注的四要素

1. 尺寸界线

尺寸界线用细实线绘制，应与被标注长度垂直，其一端应离开图样轮廓线不小于 2 mm，另一端宜超出尺寸线 2～3 mm。轮廓线、轴线、中心线本身也可以作为尺寸界线。

2. 尺寸线

尺寸线应用细实线绘制，应与被注标长度平行，两端宜以尺寸界线为边界，也可超出尺寸界线 2～3 mm。图样本身的任何图线均不得用作尺寸线。

3. 箭头（尺寸起止符号）

箭头位于尺寸线的两端，指向尺寸界线，用于标记标注的起始、终止位置。箭头用中粗斜短线绘制，其倾斜方向应与尺寸界线成 45° 角（顺时针），长度宜为 2～3 mm。

4. 尺寸文字（数字）

尺寸数字应依据其方向注写在靠近尺寸线的上方中部。如没有足够的注写位置，最外边的尺寸数字可注写在尺寸界线的外侧，中间相邻的尺寸数字可上下错开注写。

📖 课堂练习

1.（判断题）轴线可以用作尺寸线。（　　　）

120

2.（判断题）中心线可以用作尺寸界线。（   ）

3.（选择题）指向尺寸界线，用于标记标注的起始、终止位置是（   ）的作用。

A.尺寸界线   B.尺寸线

C.箭头   D.尺寸文字

2.2　创建尺寸标注样式

参照建筑图常用的标注样式，通过"标注样式管理器"对话框新建标注样式，样式名称为"样式 1"。

尺寸标注样式控制着尺寸标注的外观和功能，它可以定义不同设置的标注样式并给它们赋名。

"标注样式"常用的调用方法如下：

（1）功能区：单击"默认"选项卡"注释"面板下拉列表中的"标注样式"按钮；

（2）菜单栏：执行菜单栏"标注"→"标注样式"命令；

（3）命令行：输入 DIMSTYLE（快捷命令 D）并按 Enter 键。

激活命令后，弹出"标注样式管理器"对话框，如图 4-25 所示。对话框中各项目说明如下：

（1）样式：显示了所有可用的标注样式和当前正在使用的标注样式。一般情况下，AutoCAD 将尺寸作为一个图块，即尺寸线、尺寸界线、尺寸箭头和尺寸数字它们各自不是单独的实体，而是构成图块的一部分。如果对该尺寸标注进行拉伸，那么拉伸后，尺寸标注的尺寸文本将自动发生相应的变化。这种尺寸标注称为关联性尺寸（Associative Dimension）标注。如果选择的是关联性尺寸标注，那么当改变尺寸标注样式时，在该样式基础上生成的所有尺寸标注都将随之改变。

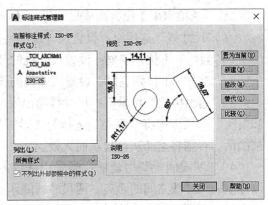

图 4-25 "标注样式管理器"对话框

（2）"置为当前（U）"按钮：将某样式设置为当前样式。

（3）"新建（N）"按钮：创建新样式。

（4）"修改（M）"按钮：修改某一样式。

（5）"替代（O）"按钮：设置当前样式的替代样式。

（6）"比较（C）"按钮：对两个尺寸样式进行比较，或了解某一样式的全部特性。

单击"新建（N）"按钮，弹出"创建新标注样式"对话框，如图 4-26 所示。在"新样式名"文本框中输入"样式 1"。

"基础样式"列表框用于在创建一个新的标注样式时，选择一个已存在的标注样式作为新样式的基础样式（本任务选择使用默认的"ISO-25"标注样式）。用基础样式创建新标注样式时，只需修改其中一部分设置，从而节省了时间。"用于"列表框用于选择新创建的标注样式作用的尺寸类型。单击"继续"按钮后，弹出图4-27所示的"新建标注样式：样式1"对话框，该对话框中有"线""符号和箭头""文字""调整""主单位""换算单位"和"公差"6个选项卡。

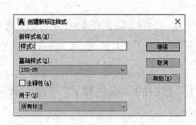

图4-26 "创建新标注样式"对话框

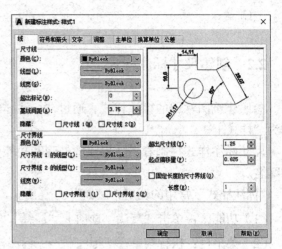

图4-27 "新建标注样式：样式1"对话框

1. "线"选项卡

"线"选项卡用于设置构成尺寸标注的尺寸线和尺寸界线，如图4-27所示。

（1）"尺寸线"选项组：设置尺寸线的特征参数。

1）"颜色"下拉列表框：设置尺寸线的颜色。

2）"线宽"下拉列表框：设置尺寸线的线宽。

3）"超出标记"增量框：尺寸线超出尺寸界线的长度。该数值一般为0，只有在"符号和箭头"选项卡中将"箭头"选择为"倾斜"或"建筑标记"时，"超出标记"增量框才能被激活，否则将呈淡灰色显示而无效。

4）"基线间距"增量框：当采用基线方式标注尺寸时，可在该增量框中输入一个值，以控制两尺寸线之间的距离。两尺寸线间距一般为7～10 mm。

5）"隐藏"选项：控制是否隐藏第一条、第二条尺寸线及相应的尺寸箭头。建筑制图时，一般只选默认值，即两条尺寸线都可见。

（2）"尺寸界线"选项组：设置尺寸界线的特征参数。

1）"颜色"下拉列表框：设置尺寸界线的颜色。

2）"超出尺寸线"增量框：可在此增量框中输入一个值以确定尺寸界线超出尺寸线的那一部分长度。这一长度宜为2～3 mm。

3）"起点偏移量"增量框：设置标注尺寸界线的端点离开指定标注起点的距离。

4）"隐藏"选项：控制是否隐藏第一条或第二条尺寸界线。建筑制图时，一般只选默认值，即两条尺寸界线都可见。

2. "符号和箭头"选项卡

"符号和箭头"选项卡用于设置尺寸箭头的形状、大小以及圆心标记、弧长符号、半径折弯标注，如图4-28所示。

（1）"箭头"选项组。

1）"第一个"下拉列表框：选择第一尺寸箭头的形状。下拉列表框中提供各种箭头符号以满足各种工程制图需要。建筑制图时，一般选择"建筑标记"选项。当选择某种类型的箭头符号作为第一尺寸箭头时，AutoCAD 将自动把该类型的箭头符号默认为第二尺寸箭头而出现在"第二个"下拉列表框中。

2）"第二个"下拉列表框：设置第二尺寸箭头的形状。

3）"引线"下拉列表框：设置指引线的箭头形状。

4）"箭头大小"增量框：设置尺寸箭头的大小。起止符号一般用中粗短线绘制，长度宜为 2 mm。

（2）"圆心标记"选项组。

1）"标记"单选按钮：中心标记为一个记号。

2）"直线"单选按钮：中心标记采用中心线的形式。

3）"无"单选按钮：既不产生中心标记，也不采用中心线。

4）增量框：设置中心标记和中心线的大小和粗细。

（3）"弧长符号"选项组和"半径折弯标注"选项组不常用，这里就不再介绍。

3."文字"选项卡

在如图 4-29 所示的"文字"选项卡中对文字外观、文字位置、文字对齐等相关选项进行设置。

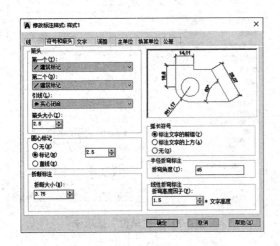

图 4-28 "符号和箭头"选项卡

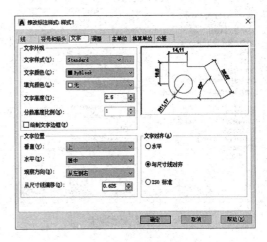

图 4-29 "文字"选项卡

（1）"文字外观"选项组：设置或者选择文字的样式、颜色、填充颜色、文字高度、分数高度比例和是否给标注文字加上边框。

（2）"文字位置"选项组：用于设置文字和尺寸线间的位置关系及间距。建筑制图时，"从尺寸线偏移"增量框一般设置为 1 ~ 1.5 mm。

（3）"文字对齐"选项组：用于确定文字的对齐方式。

（4）当以上内容有所改变时，右上侧的预览会显示相应的变化，应特别注意观察以便确定所作定义或者修改是否合适。

4."调整"选项卡

可在如图 4-30 所示的"调整"选项卡内设置尺寸文本、尺寸箭头、引线和尺寸线的相对排列位置。

（1）"调整选项"选项组：可根据两尺寸界线之间的距离来选择具体的选项，以控制将尺寸文本和尺寸箭头放置在两尺寸界线的内部还是外部。在建筑制图中，一般选择默认值即可。

（2）"文字位置"选项组：设置当尺寸文本离开其默认位置时的放置位置。

（3）"标注特征比例"选项组：该选项组用来设置尺寸的比例系数。

1）"注释性"复选框：控制将尺寸标注设置为注释性内容。

2）"将标注缩放到布局"单选按钮：选择该单选按钮，可确定图纸空间内的尺寸比例系数。

3）"使用全局比例"增量框：可在该增量框中输入数值以设置所有尺寸标注样式的总体尺寸比例系数。

（4）"优化"选项组：设置尺寸文本的精细微调选项。建筑制图不常用，这里不再赘述。

5."主单位"选项卡

在如图 4-31 所示的"主单位"选项卡中设置基本尺寸文本的各种参数，以控制尺寸单位、角度单位、精度等级、比例系数等。

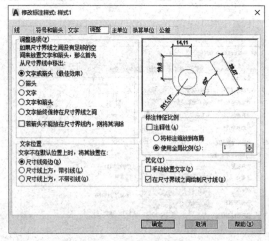

图 4-30 "调整"选项卡

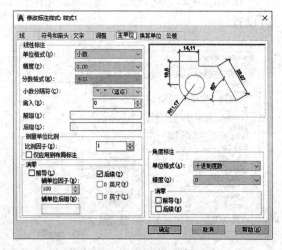

图 4-31 "主单位"选项卡

6."换算单位"选项卡

"换算单位"选项卡用于设置换算测量单位的格式和比例。

7."公差"选项卡

"公差"选项卡用于控制标注文字中公差的格式。

"换算单位"选项卡和"公差"选项卡在建筑制图中不常用，这里不再赘述。

完成上述知识的介绍后，下面开始设置标注"样式1"。

标注"样式1"的设置步骤如下：

（1）选择"ISO-25"为基础样式，创建"样式1"标注样式，并打开"新建标注样式：

124

样式1"对话框，如图 4-27 所示。

（2）设置"线"选项卡参数："基线间距"为"7"，"超出尺寸线"为"2"，"起点偏移量"为"1.5"。其余均采用默认值。

（3）设置"符号和箭头"选项卡参数："箭头"选择"建筑标记"，"引线"选择"无"，"箭头大小"为"2"。其余均采用默认值。

（4）设置"文字"选项卡参数："文字样式"选择"任务 1 文字标注与编辑"中设置的"样式3"，"文字高度"为"3"，"从尺寸线偏移"为"1.5"。其余均采用默认值。

（5）设置"调整"选项卡参数：分别选择"文字始终保持在尺寸界线之间"和"尺寸线上方，带引线"。在"使用全局比例"中输入比例，"样式1"中采用比例 1∶1，所以输入比例值1。其余均采用默认值。

（6）设置"主单位"选项卡参数：除"精度"改为"0"以外，其余均采用默认值。

（7）由于"换算单位"选项卡和"公差"选项卡在建筑制图中不常用，这里不做调整。

课堂练习

选择"样式1"为基础样式，创建"样式2"标注样式。参数要求为："箭头"选择"实心闭合"，"箭头大小"为"3"。其余参数不变。

2.3 线性标注 ⊢

在标注"样式1"下，使用"线性标注"命令标注图 4-23，如图 4-32 所示。

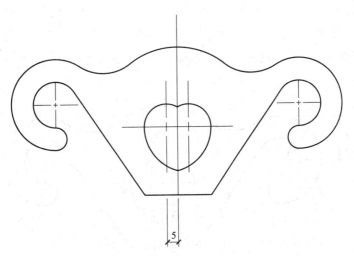

图 4-32 使用"线性标注"命令标注尺寸

"线性标注"命令功能：用于标注线段或两点之间的水平尺寸、垂直尺寸或旋转尺寸。

常用的调用方法如下：

（1）功能区：单击"注释"选项卡"标注"面板中的"线性"按钮 ⊢，或单击"默认"选项卡"注释"面板中的"线性"按钮 ⊢；

（2）命令行：输入 DIMLINEAR（快捷命令 DLI）。

标注尺寸的步骤如下：

（1）将标注"样式1"置为当前。

（2）激活"线性标注"命令，命令行提示：

指定第一个尺寸界线原点或＜选择对象＞：（单击图 4-33 中的 A 点）

指定第二条尺寸界线原点：（单击图 4-33 中的 B 点）

指定尺寸线位置或［多行文字（M）/文字（T）/角度（A）/水平（H）/垂直（V）/旋转（R）］：（使用鼠标光标拖动尺寸标注到合适位置，指定尺寸线的放置位置）

标注文字 = 5（完成线性标注）

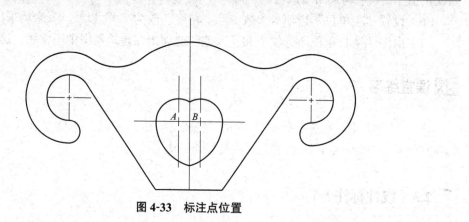

图 4-33　标注点位置

📖 课堂练习

1. 在标注"样式1"下，使用"线性标注"命令标注尺寸"20"，如图 4-34 所示。

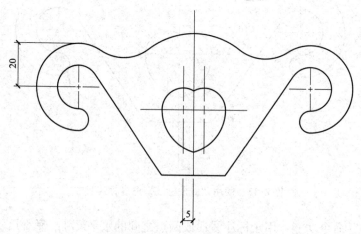

图 4-34　标注尺寸"20"

2. "对齐线性标注"命令用于标注线段的长度或两点之间的距离，常用于标注斜线的长度。常用的调用方法：单击"注释"选项卡"标注"面板中的"已对齐"按钮 ；或单击"默认"选项卡"注释"面板中的"对齐"按钮 。试使用"对齐线性标注"命令标注尺寸"56",如图 4-35 所示。

3."角度标注"命令功能：用于测量和标记角度值。常用的调用方法：单击"注释"选项卡"标注"面板中的"角度"按钮 △；或单击"默认"选项卡"注释"面板中的"角度"按钮 △。试使用"角度标注"命令标注角度，如图 4-35 所示。

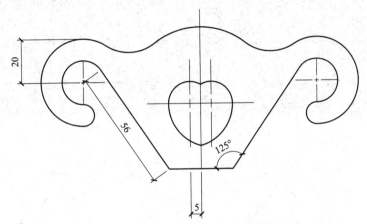

图 4-35　"对齐线性标注"和"角度标注"

2.4　连续标注 ⊞

在标注"样式 1"下，使用"连续标注"命令，在图 4-34 的基础上连续标注，如图 4-36 所示。

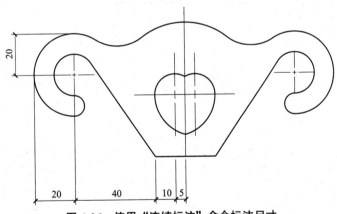

图 4-36　使用"连续标注"命令标注尺寸

"连续标注"命令功能：连续标注是首尾相连的多个标注，各个标注的尺寸线处于同一直线上。在创建连续标注之前，必须先创建线性、对齐或角度标注。连续标注是从上一个尺寸界线处测量的，除非指定另一点作为原点。

"连续标注"命令常用的调用方法如下：

（1）功能区：单击"注释"选项卡"标注"面板中的"连续"按钮 ⊞；

（2）命令行：输入 DIMCONTINUE（快捷命令 DCO）。

连续标注尺寸的步骤如下：

（1）将标注"样式1"置为当前。

（2）激活"连续标注"命令，命令行提示：

选择连续标注：(选择尺寸5的尺寸界线1，如图4-37所示A点附近)

指定第二个尺寸界线原点或［选择（S）/放弃（U）］＜选择＞：(选择图4-37所示的B点)

标注文字＝10

指定第二个尺寸界线原点或［选择（S）/放弃（U）］＜选择＞：(选择图4-37所示的C点)

标注文字＝40

指定第二个尺寸界线原点或［选择（S）/放弃（U）］＜选择＞：(选择图4-37所示的D点)

标注文字＝20（回车表示标注完成）

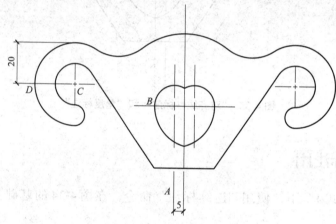

图4-37　连续标注点位置

📖 课堂练习

在标注"样式1"下，使用"连续标注"命令标注尺寸，如图4-38所示。

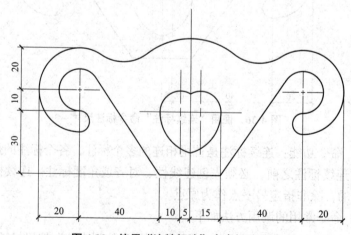

图4-38　使用"连续标注"命令标注尺寸

2.5 半径标注

在标注"样式 2"下，使用"半径标注"命令，在图 4-38 的基础上标注半径，如图 4-39 所示。

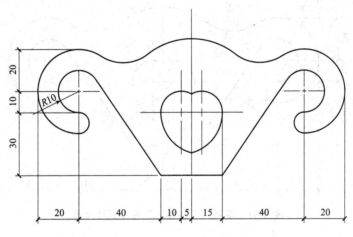

图 4-39 使用"半径标注"命令标注半径

"直径标注"命令用于标注圆及大于半个圆的圆弧，"半径标注"命令用于标注半圆或小于半圆的圆弧。"直径标注"的操作与"半径标注"的操作类似，这里不再赘述。

"半径标注"常用的调用方法如下：

（1）功能区：单击"注释"选项卡"标注"面板中的"半径"按钮 ⅄；或单击"默认"选项卡"注释"面板中的"半径"按钮 ⅄；

（2）命令行：输入 DIMRADIUS（快捷命令 DRA）并按 Enter 键。

半径标注尺寸的步骤如下：

（1）将"2.2 创建尺寸标注样式"创建的标注"样式 2"置为当前。

（2）激活"半径标注"命令，命令行提示：

选择圆弧或圆：（单击图 4-40 中的 *A* 点）
标注文字 = 10
指定尺寸线位置或 [多行文字（M）/文字（T）/角度（A）]：（单击鼠标右键表示绘图结束）

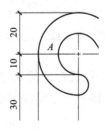

图 4-40 半径标注点位置

在标注"样式2"下,使用"半径标注"命令标注半径,如图4-41所示。

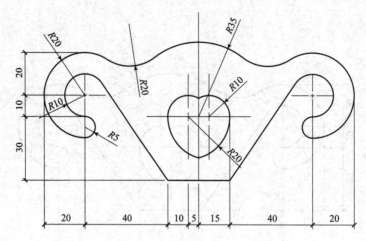

图4-41 使用"半径标注"命令标注半径

2.6 基线标注

在标注"样式1"下,使用"基线标注"命令,在图4-41的基础上绘制基线尺寸,如图4-42所示。

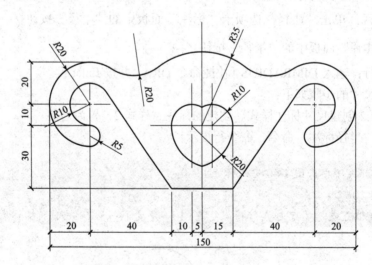

图4-42 使用"基线标注"命令标注基线尺寸

"基线标注"命令功能:以上一个已经标注的尺寸的第一尺寸界线为基准,连续标注多个线性尺寸。每个新尺寸线会自动偏移一个距离以避免重叠。

常用的调用方法如下:

(1)功能区:单击"注释"选项卡"标注"面板中的"基线"按钮;

（2）命令行：输入 DIMBASELINE（快捷命令 DBA）。

基线标注尺寸的步骤如下：

（1）将标注"样式 1"置为当前。

（2）激活"基线标注"命令，命令行提示：

选择基线标注：

指定第二个尺寸界线原点或 [选择 (S) / 放弃 (U)]<选择>：S（选择图 4-43 所示的 A 点）

标注文字 = 150

指定第二个尺寸界线原点或 [选择 (S) / 放弃 (U)]<选择>：（单击鼠标右键表示绘图结束）

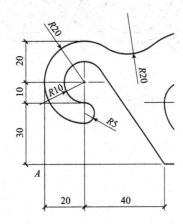

图 4-43　基线选择标注点位置

📖 课堂练习

在标注"样式 1"下，使用"基线标注"命令标注尺寸，完成全部尺寸，如图 4-44 所示。

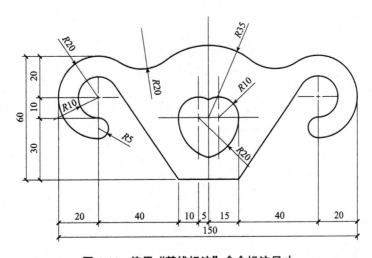

图 4-44　使用"基线标注"命令标注尺寸

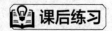课后练习

绘制图 4-45 所示的图形，并标注尺寸。

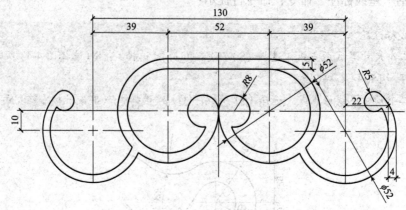

图 4-45 课后练习题

模块 5

建筑设备图例绘制

任务 1 建筑给水排水常用图例绘制

任务目标

本任务介绍利用所学的 AutoCAD 知识绘制建筑给水排水常用图例的方法。通过本任务的学习，掌握使用 AutoCAD 命令绘制建筑给水排水常用图例的方法，并且对建筑给水排水常用图例有初步的认识。

素质目标

1. 培养学生之间的团队协作与沟通能力。
2. 鼓励学生构思创意、自主创新，不拘泥于课本介绍的绘图方式，寻求更优、更适合自己的绘图方法。
3. 鼓励学生在绘图中追求精益求精，培养工匠精神。
4. 培养学生良好的文明使用计算机的习惯，培养学生的纪律意识。

任务准备

1. 安装 AutoCAD 软件。
2. 复习 AutoCAD 的操作。
3. 了解建筑给水排水图例对应的实物。

任务组织

1. 五人一组，其中一名学生担任组长。课前，了解建筑给水排水图例对应的实物，对图例建立初步的认识。
2. 学生先独立完成任务内的例图及相关练习。绘图过程中遇到问题，小组内成员互相帮助，解决问题。完成图例绘制后，组内成员互相点评。
3. 鼓励学生采用多种不同的方法完成图例的绘制，寻找更加适合自己的绘图方法，并将方法提交小组讨论。小组通过讨论，得出相对更优的绘图方法。

4. 每组完成后，教师对各组进行点评和补充。

5. 完成课后练习。

6. 在无特别标注的情况下，长度、直径、半径、尺寸单位为 mm。

1.1 P形存水弯

P形存水弯的图例及尺寸如图 5-1 所示。

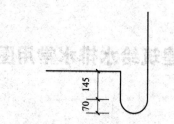

图5-1 P形存水弯图例及尺寸

绘制 P 形存水弯的操作步骤如下：

（1）使用"直线"（LINE）命令绘制直线，如图 5-2（a）所示。

（2）使用"偏移"（OFFSET）命令将长度为 70 的直线偏移 140 的距离，如图 5-2（b）所示。

（3）使用"圆弧"（ARC——"起点、端点、半径"）命令绘制圆弧，起点、端点如图 5-2（c）所示，半径为 70。

（4）使用"删除"（ERASE）命令删除直线，如图 5-2（d）所示。

（5）使用"直线"（LINE）命令绘制直线，如图 5-2（e）所示。

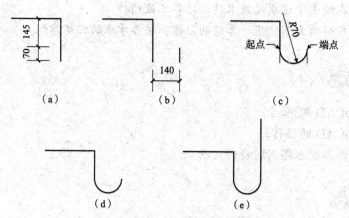

图5-2 P形存水弯图例绘制过程

 课堂练习

完成如图 5-3 所示图例的绘制，无须标注尺寸。没有标注尺寸的部分，可以自定义。

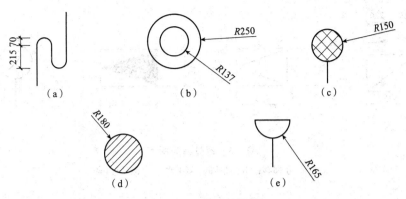

图 5-3　课堂练习图例

(a) S 形存水弯；(b) 沉砂片（沉泥井）；(c) 立管通气帽；(d) 平面地漏；(e) 系统地漏

1.2　消声止回阀

消声止回阀的图例及尺寸如图 5-4 所示。

绘制消声止回阀的操作步骤如下：

（1）使用"直线"（LINE）命令绘制长度为 375 的直线，如图 5-5（a）所示。

（2）使用"偏移"（OFFSET）命令，偏移 525 的距离，如图 5-5（b）所示。

（3）使用"直线"（LINE）命令连接两条直线，如图 5-5（c）所示。

（4）使用"圆"（CIRCLE）命令绘制半径为 72.5 的圆，如图 5-5（d）所示。

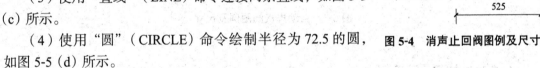

图 5-4　消声止回阀图例及尺寸

（5）使用"直线"(LINE) 命令绘制箭头，如图 5-5（e）所示。

（6）使用"填充"(HATCH) 命令填充箭头，如图 5-5（f）所示。

提示：填充图案建议选用 ANSI31，角度选择 315°，比例为 8。

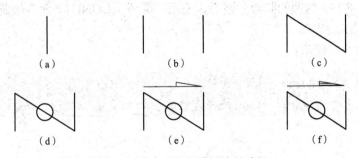

图 5-5　消声止回阀图例绘制过程

📖 **课堂练习**

完成如图 5-6 所示图例的绘制，无须标注尺寸。没有标注尺寸的部分，可以自定义。

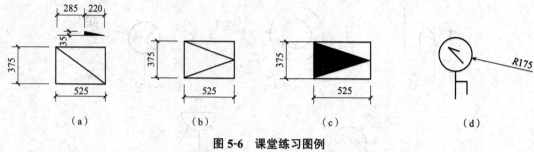

(a)   (b)   (c)   (d)

图 5-6 课堂练习图例

(a) 止回阀；(b) 减压阀；(c) 水表；(d) 压力表

1.3 自动排气阀

自动排气阀的图例及尺寸如图 5-7 所示。

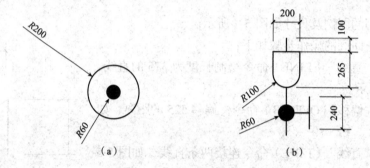

(a)   (b)

图 5-7 自动排气阀图例及尺寸

(a) 平面；(b) 系统

1. 自动排气阀平面图例

绘制自动排气阀平面操作步骤如下：

（1）使用"圆"（CIRCLE）命令绘制半径为 200 的圆，如图 5-8 (a) 所示。

（2）以图 5-8 (a) 的圆的圆心为圆心，使用"圆环"（DONUT）命令绘制半径为 60 的实心圆，如图 5-8 (b) 所示。

绘图时，命令行提示：

> 指定圆环的内径 <120.000 0>：0（内径为 0）
>
> 指定圆环的外径 <1.000 0>：120（外径为 120）

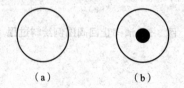

(a)   (b)

图 5-8 自动排气阀平面图例绘制过程

2. 自动排气阀系统图例

绘制自动排气阀系统操作步骤如下：

（1）使用"直线"（LINE）命令绘制 200×265 的矩形，如图 5-9（a）所示。

（2）使用"直线"（LINE）命令绘制直线，如图 5-9（b）所示。

（3）使用"圆角"（FILLET）命令绘制圆角，设定参数"模式 = 修剪，半径 = 100.000 0"，如图 5-9（c）所示。

（4）使用"圆环"（DONUT）命令绘制实心圆，设定参数"内径为 0，外径为 120"，如图 5-9（d）所示。

提示：该实心圆也可以采用下列方法绘制。

（1）绘制直径为 120 的圆；

（2）使用"填充"（HATCH）命令填充圆，图案选择"solid"。

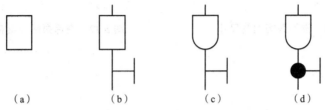

（a）　　　　（b）　　　　（c）　　　　（d）

图 5-9　自动排气阀系统图例绘制过程

📖 **课堂练习**

完成如图 5-10 所示图例的绘制，无须标注尺寸。没有标注尺寸的部分，可以自定义。

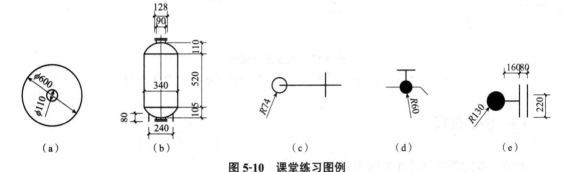

（a）　　　　　　（b）　　　　　　（c）　　　　　（d）　　　　　（e）

图 5-10　课堂练习图例

（a）气压罐平面；（b）气压罐系统；（c）水龙头平面；（d）水龙头系统；（e）延时自闭冲洗阀

1.4　潜污泵

潜污泵的图例及尺寸如图 5-11 所示。

绘制潜污泵的操作步骤如下：

（1）使用"圆"（CIRCLE）命令绘制圆，半径分别为 244 和 40，如图 5-12（a）所示。

（2）使用"多边形"（POLYGON）命令填充内接三角形，如图 5-12（b）所示。

绘图时，命令行提示：

POLYGON 输入侧面数 <3>：3
指定正多边形的中心点或［边（E）］:（选择圆心）
输入选项［内接于圆（I）/ 外切于圆（C）]<I>：I
指定圆的半径:（选择圆的象限点）

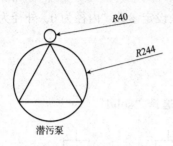

图 5-11　潜污泵图例及尺寸

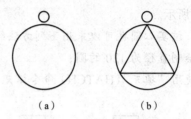

图 5-12　潜污泵图例绘制过程

课堂练习

完成如图 5-13 所示图例的绘制，无须标注尺寸。没有标注尺寸的部分，可以自定义。

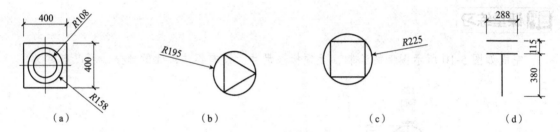

图 5-13　课堂练习图例
(a) 立式水泵平面；(b) 立式水泵系统；(c) 清扫口平面；(d) 清扫口系统

1.5　消能装置

消能装置的图例及尺寸如图 5-14 所示。
绘制消能装置的操作步骤如下：
（1）使用"直线"（LINE）命令分别绘制 400、125 的直线，如图 5-15（a）所示。
（2）使用"偏移"（OFFSET）命令将长度 125 的直线向上、向下各偏移 30，如图 5-15（b）所示。
（3）使用"直线"（LINE）命令绘制 140 的直线，如图 5-15（c）所示。
（4）使用"移动"（MOVE）命令移动 140 的直线，基点选择图 5-15（c）的中点，如图 5-15（d）所示。

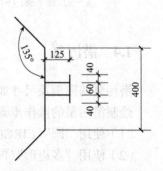

图 5-14　消能装置图例及尺寸

（5）使用"删除"（ERASE）命令删除图5-15（a）中绘制的长度125的直线，使用"直线"（LINE）命令绘制角度为135°的斜线，长度自定义，如图5-15（e）所示。

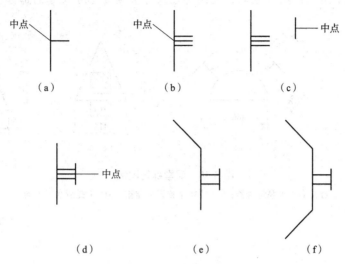

图5-15　消能装置图例绘制过程

斜线绘制操作步骤如下：

1）极轴角设置：输入快捷键"DS"或"OS"，弹出"草图设置"对话框，打开"极轴追踪"选项卡，勾选"启用极轴追踪"复选框，"极轴角设置"选项组中"增量角"设置为"135"，如图5-16（a）所示；

2）打开"极轴追踪"；

3）绘制斜线，如图5-16（b）所示。

（6）使用"镜像"（MIRROR）命令，镜像斜线，如图5-15（f）所示。

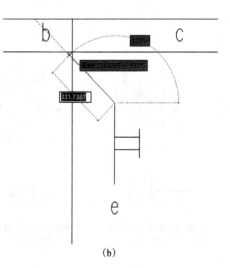

图5-16　斜线绘制

完成如图 5-17 所示图例的绘制，无须标注尺寸。没有标注尺寸的部分，可以自定义。

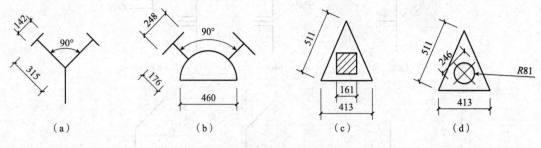

图 5-17　课堂练习图例

(a)、(b) 水泵接合器；(c) 手提干粉灭火器箱；(d) 手提清水灭火器

完成如图 5-18 所示图例的绘制，无须标注尺寸。没有标注尺寸的部分，可以自定义。

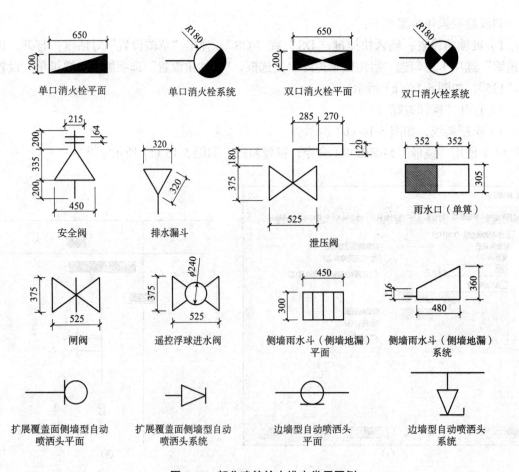

图 5-18　部分建筑给水排水常用图例

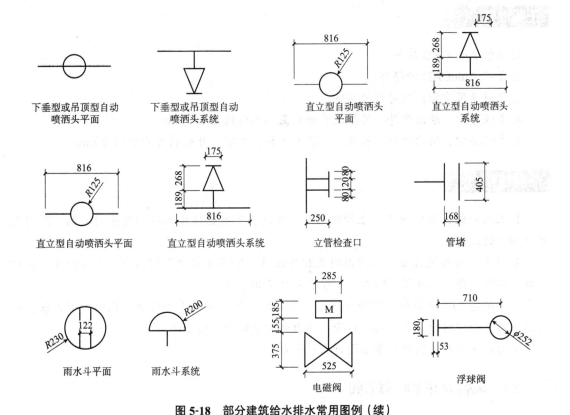

图 5-18　部分建筑给水排水常用图例（续）

任务2　通风空调常用图例绘制

任务目标

本任务介绍利用所学的 AutoCAD 知识绘制通风空调常用图例的方法。通过本任务的学习，掌握使用 AutoCAD 命令绘制通风空调常用图例的方法，并且对通风空调常用图例有初步的认识。

素质目标

1. 培养学生之间的团队协作与沟通能力。
2. 鼓励学生构思创意、自主创新，不拘泥于本书介绍的绘图方式，寻求更优、更适合自己的绘图方法。
3. 鼓励学生在绘图中追求精益求精，培养工匠精神。
4. 培养学生良好的文明使用计算机的习惯，培养学生的纪律意识。

任务准备

1. 安装 AutoCAD 软件。

2. 复习 AutoCAD 的操作。

3. 了解通风空调图例对应的实物。

4. 本任务中，除注明外，其余风管横截面的高度均为 470 mm。

5. 本任务中，除注明外，长度、直径、半径、内径、外径的尺寸单位为 mm。

任务组织

1. 五人一组，其中一名学生担任组长。课前，了解通风空调图例对应的实物，对图例建立初步的认识。

2. 学生先独立完成任务内的例图及相关练习。绘图过程中遇到问题，小组内成员互相帮助，解决问题。完成图例绘制后，组内成员互相点评。

3. 鼓励学生采用多种不同的方法完成图例的绘制，寻找更加适合自己的绘图方法，并将方法提交小组讨论。小组通过讨论，得出相对更优的绘图方法。

4. 每组完成后，教师对各组进行点评和补充。

2.1 风管对开多叶调节阀

风管对开多叶调节阀的图例及尺寸如图 5-19 所示。

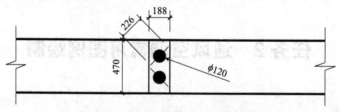

图 5-19　风管对开多叶调节阀图例

操作步骤如下：

（1）使用"直线"（LINE）命令绘制风管，如图 5-20（a）所示。

（2）使用"矩形"（RECTANG）命令绘制 188×470 的矩形，如图 5-20（b）所示。

（3）设置点样式，使用"定数等分"（DIVIDE）命令将直线定数等分成 4 份，如图 5-20（c）所示。

（4）使用"分解"（EXPLODE）命令分解矩形，再使用"直线"（LINE）命令绘制辅助线，如图 5-20（d）所示。

（5）使用"圆环"（DONUT）命令绘制实心圆。圆环内径设置为 0，外径为 120，如图 5-20（e）所示。

（6）使用"直线"（LINE）命令绘制长为 226，夹角为 45° 的直线，如图 5-20（f）所示。

（7）使用"镜像"（MIRROR）命令镜像实心圆和直线，如图 5-20（g）所示。

（8）使用"删除"（ERASE）命令删除等分点和辅助线，如图 5-20（h）所示，完成绘制。

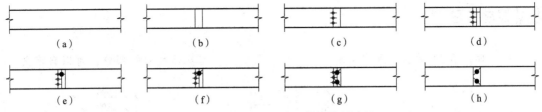

(a)   (b)   (c)   (d)

(e)   (f)   (g)   (h)

图 5-20 风管对开多叶调节阀绘制过程

📖 课堂练习

完成如图 5-21 所示图例的绘制，无须标注尺寸。没有标注尺寸的部分，可以自定义。

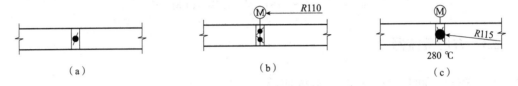

(a)   (b)   (c)

图 5-21 课堂练习图例

(a) 风管蝶阀；(b) 风管电动多叶密闭调节阀（24 V）；(c) 高气密全自动排烟阀（常闭）

2.2 消声弯头

消声弯头的图例及尺寸如图 5-22 所示。

绘制消声弯头的操作步骤如下：

（1）使用"直线"（LINE）命令绘制直线，长度大于 611，如图 5-23（a）所示。

（2）使用"偏移"（OFFSET）命令将两条直线均分别偏移 470 和 611，如图 5-23（b）所示。

（3）使用"直线"（LINE）命令绘制折断线，使用"修剪"（TRIM）命令进行修剪，如图 5-23（c）所示。

（4）使用"圆角"（FILLET）命令绘制圆角。参数设置：模式 = 修剪，半径 =141，如图 5-23（d）所示。

（5）使用"修剪"（TRIM）命令进行修剪，如图 5-23（e）所示。

（6）使用"直线"（LINE）命令绘制直线，如图 5-23（f）所示，完成绘制。

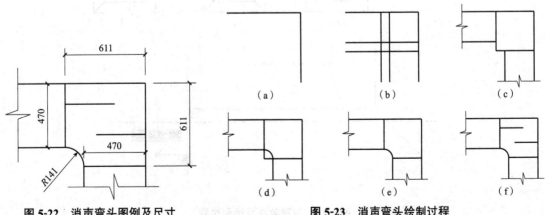

图 5-22 消声弯头图例及尺寸   **图 5-23 消声弯头绘制过程**

(a)   (b)   (c)

(d)   (e)   (f)

完成如图 5-24 所示图例的绘制，无须标注尺寸。没有标注尺寸的部分，可以自定义。

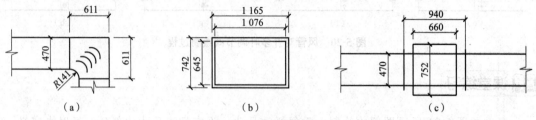

图 5-24　课堂练习图例

（a）带导流片弯头；（b）消声静压箱；（c）消声器

2.3　方形散流器

方形散流器的图例及尺寸如图 5-25 所示。

绘制方形散流器的操作步骤如下：

（1）使用"矩形"（RECTANG）命令绘制 200×200 矩形，如图 5-26（a）所示。

（2）使用"偏移"（OFFSET）命令绘制 400×400 和 600×600 两个矩形，偏移距离均为 100，如图 5-26（b）所示。

（3）使用"分解"（EXPLODE）命令分解 400×400 的矩形。

（4）使用"直线"（LINE）命令绘制对角线，如图 5-26（c）所示。

（5）使用"修剪"（TRIM）命令对多余的线进行修剪。修剪时选择 400×400 的矩形作为修剪边，如图 5-26（d）所示。

（6）使用夹点调整对角线的长度，调整长度为 35，如图 5-26（e）所示，完成绘制。

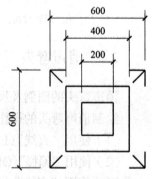

图 5-25　方形散流器图例及尺寸

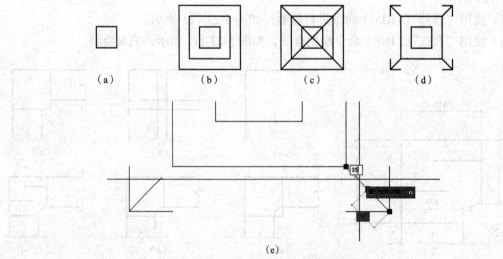

（a）　　（b）　　（c）　　（d）

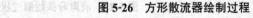

（e）

图 5-26　方形散流器绘制过程

完成如图 5-27 所示图例的绘制，无须标注尺寸。没有标注尺寸的部分，可以自定义。

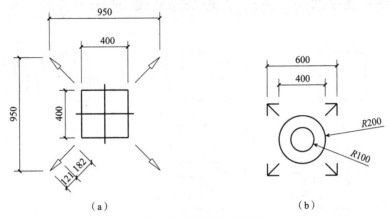

（a）

图 5-27　课堂练习图例

（a）方形风口；（b）圆形散流器

2.4　天花排风扇（带逆止阀）

天花排风扇（带逆止阀）的图例及尺寸如图 5-28 所示。

绘制天花排风扇（带逆止阀）的操作步骤如下：

（1）使用"矩形"（RECTANG）命令绘制 495×495 的矩形，使用"直线"（LINE）命令绘制对称轴，如图 5-29（a）所示。

（2）使用"直线"（LINE）命令绘制直线，如图 5-29（b）所示。

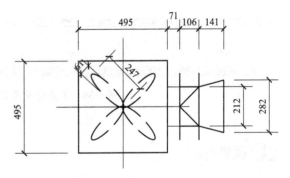

图 5-28　天花排风扇（带逆止阀）图例及尺寸

（3）使用"镜像"（MIRROR）命令镜像步骤（2）中绘制的直线，如图 5-29（c）所示。

（4）使用"椭圆"（ELLIPSE）命令绘制椭圆叶面，如图 5-29（d）所示。

绘图时，命令行提示：

指定椭圆的轴端点或 ［圆弧（A）/中心点（C）］：（选择矩形的中心点）

指定轴的另一个端点：@247<45

指定另一条半轴长度或 ［旋转（R）］：30.5

（5）使用"阵列"（ARRAY）命令阵列叶面，如图 5-29（e）所示，完成绘制。

绘图时，命令行提示：

选择对象：指定对角点：（选择叶面）

输入阵列类型 ［矩形（R）/路径（PA）/极轴（PO）］<极轴>：PO

类型＝极轴 关联＝否

指定阵列的中心点或 [基点 (B) / 旋转轴 (A)]: (选择矩形中心点)

选择夹点以编辑阵列或 [关联 (AS) / 基点 (B) / 项目 (I) / 项目间角度 (A) / 填充角度 (F) / 行 (ROW) / 退出 (X)] < 退出 >: (参数设置如图 5-30 所示)

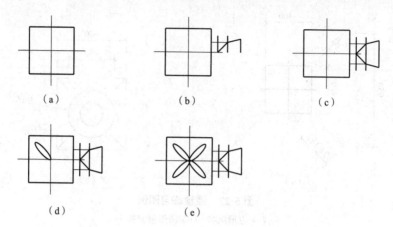

(a)　　　　　　　(b)　　　　　　　(c)

(d)　　　　　　　(e)

图 5-29　天花排风扇（带逆止阀）绘制过程

图 5-30　天花排风扇（带逆止阀）参数设置

课堂练习

完成如图 5-31 所示图例的绘制，无须标注尺寸。没有标注尺寸的部分，可以自定义。

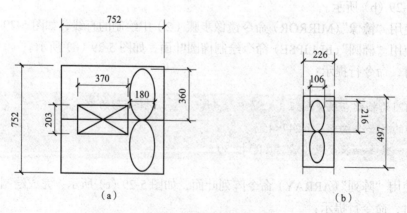

(a)　　　　　　　　　　　　　　　　(b)

图 5-31　课堂练习图例

(a) 轴流式风机；(b) 窗式排风扇 / 侧墙式轴流风机

2.5 水路电动三通阀调节

水路电动三通阀调节的图例及尺寸如图 5-32 所示。

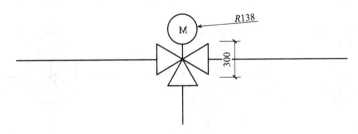

图 5-32 水路电动三通阀调节图例及尺寸

绘制水路电动三通阀调节的操作步骤如下：

（1）使用"圆"（CIRCLE）命令绘制圆，半径为 138，如图 5-33（a）所示。

（2）使用"单行文字"（TEXT）命令输入文字"M"，字高为 160，如图 5-33（b）所示。

绘图时，命令行提示：

> 指定文字的起点或[对正（J）/ 样式（S）]：J
>
> 输入选项[左（L）/ 居中（C）/ 右（R）/ 对齐（A）/ 中间（M）/ 布满（F）/ 左上（TL）/ 中上（TC）/ 右上（TR）/ 左中（ML）/ 正中（MC）/ 右中（MR）/ 左下（BL）/ 中下（BC）/ 右下（BR）]：M
>
> 指定文字的中间点：（圆心）
>
> 指定高度 <160>：160（字高 160）
>
> 指定文字的旋转角度 <0>：0（旋转角度为 0）

（3）在空白处使用"直线"（LINE）命令绘制边长为 300 的三角形，如图 5-33（c）所示。

（4）使用"旋转"（ROTATE）命令旋转复制三角形，如图 5-33（d）所示。

绘图时，命令行提示：

> 选择对象：指定对角点：（选择三角形）
>
> 选择对象：↙
>
> 指定基点：（如图 5-33（c）中 a 点）
>
> 指定旋转角度或[复制（C）/ 参照（R）]<90>：C
>
> 旋转一组选定对象：↙
>
> 指定旋转角度或[复制（C）/ 参照（R）]<90>：90

（5）按照上述方法，完成三角形的旋转与复制，如图 5-33（e）所示。

（6）绘制直线，如图 5-33（f）所示。

（7）移动圆及文字，如图 5-33（g）所示，完成绘制。

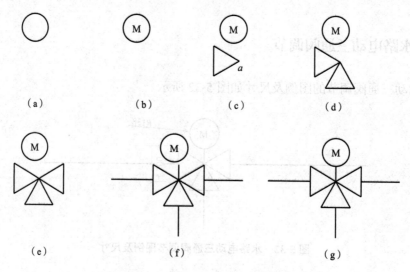

（a）　　　　　（b）　　　　　（c）　　　　　（d）

（e）　　　　　　　（f）　　　　　　　（g）

图 5-33　水路电动三通阀调节绘制过程

📖 **课堂练习**

完成如图 5-34 所示图例的绘制，无须标注尺寸。没有标注尺寸的部分，可以自定义（部分图例之间有相同的尺寸，相同部分不一一标注）。

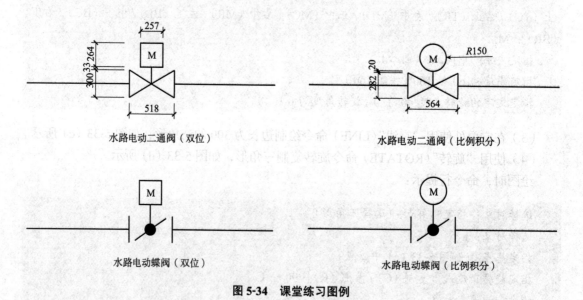

水路电动二通阀（双位）　　　　　　　　　水路电动二通阀（比例积分）

水路电动蝶阀（双位）　　　　　　　　　水路电动蝶阀（比例积分）

图 5-34　课堂练习图例

💡 **课后练习**

完成如图 5-35 所示图例的绘制，无须标注尺寸。没有标注尺寸的部分，可以自定义。

图例（空调水、气系统）	名 称	图例（空调水、气系统）	名 称
	弹性软接头		温度传感器
	（通用阀门）截止阀	H	湿度传感器
	闸阀	P	压力传感器
	蝶阀（DN100手柄传动，DN100蜗轮传动）	ΔP	压差传感器
	球阀		温度计
	缓闭式止回阀	F	水流开关
	水路电动三通阀调节		蒸汽流量计
	静态平衡阀	F.M.	水流量计
	动态压差平衡阀	E.M.	水能量计
	动态定流量平衡阀		压差旁通装置
	安全阀		自动反冲排污过滤器（不锈钢板内筒40目）
	减压阀(左高右低)		Y形过滤器(不锈钢板内筒20目)
	自动放气阀(配截止阀)		疏水器
	丝堵		活接头
	异径管		法兰盖
	固定支架		活动支架

注：部分图例之间有相同的尺寸，相同部分不一一标注。

(a)

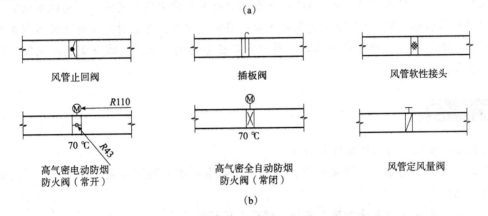

风管止回阀   插板阀   风管软性接头

高气密电动防烟防火阀（常开）   高气密全自动防烟防火阀（常闭）   风管定风量阀

(b)

图 5-35　课后练习图例

（a）部分通风空调常用图例（水部分）；（b）部分通风空调常用图例（风部分）

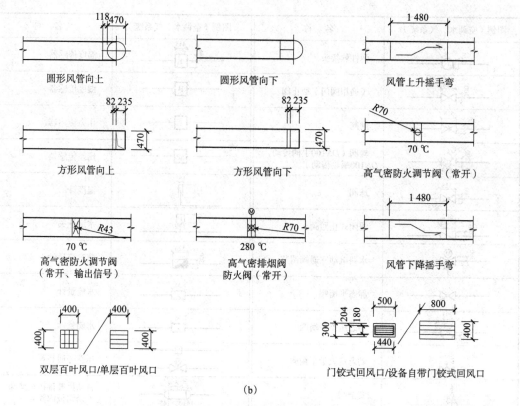

圆形风管向上　　　　　圆形风管向下　　　　　风管上升摇手弯

方形风管向上　　　　　方形风管向下　　　　　高气密防火调节阀（常开）

高气密防火调节阀　　　　高气密排烟阀　　　　　风管下降摇手弯
（常开、输出信号）　　　防火阀（常开）

双层百叶风口/单层百叶风口　　　　　门铰式回风口/设备自带门铰式回风口

(b)

图 5-35　课后练习图例（续）
（b）部分通风空调常用图例（风部分）

任务 3　建筑电气常用图例绘制

任务目标

　　本任务介绍利用所学的 AutoCAD 知识绘制建筑电气常用图例的方法。通过本任务的学习，掌握使用 AutoCAD 命令绘制建筑电气常用图例的方法，并且对建筑电气常用图例有初步的认识。由于有了前面任务的基础，所以在本任务的编排上，将减少案例的编写，增加相应课堂和课后练习。

素质目标

　　1. 培养学生之间的团队协作与沟通。
　　2. 鼓励学生构思创意、自主创新，不拘泥于本书介绍的绘图方式，寻求更优、更适合自己的绘图方法。
　　3. 鼓励学生在绘图中追求精益求精，培养工匠精神。
　　4. 树立良好的文明使用计算机的习惯，培养学生纪律意识。

1. 安装 AutoCAD 软件。
2. 复习 AutoCAD 的操作。
3. 了解建筑电气图例对应的实物。
4. 本任务中，除注明外，长度、直径、半径、内径、外径的尺寸单位为 mm。

任务组织

1. 五人一组，其中一名学生担任组长。课前，了解建筑电气图例对应的实物，对图例建立初步的认识。
2. 学生先独立完成任务内的例图及相关练习。绘图过程中遇到问题，小组内成员互相帮助，解决问题。完成图例绘制后，组内成员互相点评。
3. 鼓励学生采用多种不同的方法完成图例的绘制，寻找更加适合自己的绘图方法，并将方法提交小组讨论。小组通过讨论，得出相对更优的绘图方法。
4. 每组完成后，教师对各组进行点评和补充。
5. 完成课后练习。

3.1 应急疏散指示标识灯（向左）

应急疏散指示标识灯（向左）的图例及尺寸如图 5-36 所示。

绘制应急疏散指示标识灯（向左）的操作步骤如下：
（1）使用"矩形"（RECTANG）命令绘制 720×300 的矩形，如图 5-37（a）所示。
（2）使用"直线"（LINE）命令绘制长为 120 的直线，如图 5-37（b）所示。
（3）使用"多段线"（PLINE）命令绘制箭头，如图 5-37（c）所示。

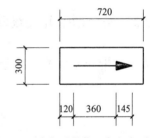

图 5-36　应急疏散指示标识灯（向左）图例及尺寸

绘图时，命令行提示：

指定起点：[图 5-37（b）中所绘制 120 直线的端点]
当前线宽为 0
指定下一个点或 [圆弧（A）/半宽（H）/长度（L）/放弃（U）/宽度（W）]：360
指定下一个点或 [圆弧（A）/闭合（C）/半宽（H）/长度（L）/放弃（U）/宽度（W）]：W
指定起点宽度 <0>：70（箭头起点宽度）
指定端点宽度 <70>：0（箭头终点宽度）
指定下一个点或 [圆弧（A）/闭合（C）/半宽（H）/长度（L）/放弃（U）/宽度（W）]：145

（4）使用"删除"（ERASE）命令删除长为 120 的直线，如图 5-37（d）所示。

（a）　　　（b）　　　（c）　　　（d）

图 5-37　应急疏散指示标识灯（向左）图例绘制过程

📖 **课堂练习**

完成如图 5-38 所示图例的绘制，无须标注尺寸。没有标注尺寸的部分，可以自定义。

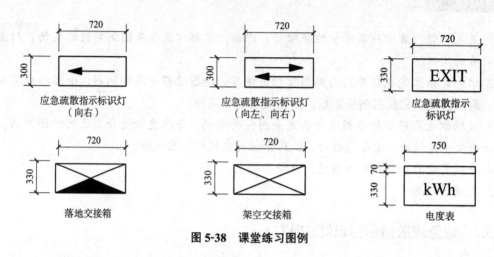

应急疏散指示标识灯
（向右）

应急疏散指示标识灯
（向左、向右）

应急疏散指示
标识灯

落地交接箱

架空交接箱

电度表

图 5-38　课堂练习图例

3.2　安全型带开关双联二三极暗装插座

安全型带开关双联二三极暗装插座的图例及尺寸如图 5-39 所示。

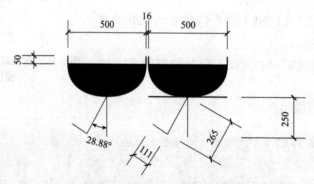

图 5-39　安全型带开关双联二三极暗装插座图例及尺寸

绘制安全型带开关双联二三极暗装插座的操作步骤如下：

（1）使用"圆"（CIRCLE）命令绘制直径为 500 的圆，使用"直线"（LINE）命令绘制圆的直径，如图 5-40（a）所示。

（2）使用"修剪"（TRIM）命令修剪圆，如图 5-40（b）所示。

（3）使用"直线"（LINE）命令分别绘制长为50和250的直线，如图5-40（c）所示。

（4）使用"直线"（LINE）命令绘制长为265的直线，注意夹角为28.88°，如图5-40（d）所示。

（5）使用"直线"（LINE）命令绘制长为111的直线，与长为265的直线垂直，如图5-40（e）所示。

（6）以图5-40（e）中a点为基点，使用"复制"（COPY）命令复制所有画好的图形，距离为516，如图5-40（f）所示。

（7）使用"直线"（LINE）命令绘制长为500的直线，如图5-40（g）所示。

（8）使用"填充"（HATCH）命令填充半圆，图案选择"solid"，如图5-40（h）所示。

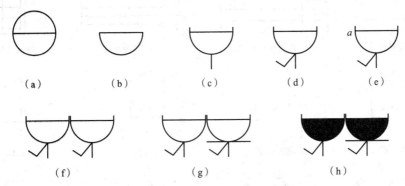

（a）	（b）	（c）	（d）	（e）

（f）	（g）	（h）

图 5-40　安全型带开关双联二三极暗装插座图例绘制过程

课堂练习

完成如图5-41所示图例的绘制，无须标注尺寸。没有标注尺寸的部分，可以自定义。

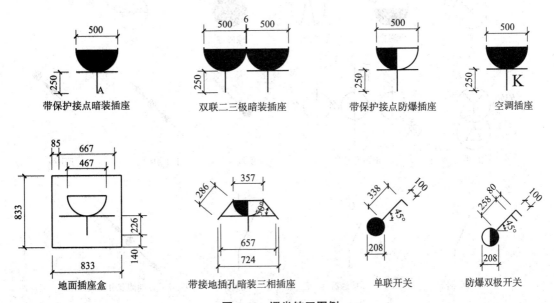

图 5-41　课堂练习图例

完成如图 5-42 所示图例的绘制，无须标注尺寸。没有标注尺寸的部分，可以自定义。

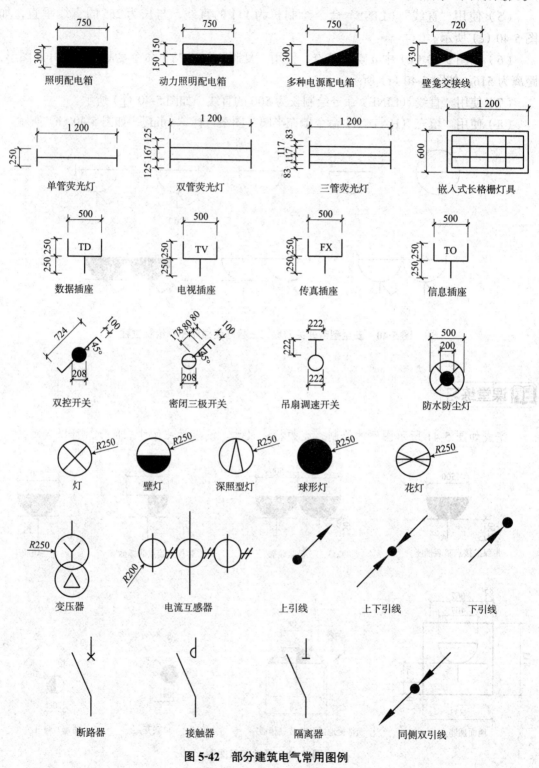

图 5-42　部分建筑电气常用图例

任务 4　管道线型的制作与管道的绘制

任务目标

本任务介绍如何制作带文字的线型，用于绘制给水排水管道和暖通空调管道。通过本任务的学习，掌握设置与绘制带文字线型的方法。

素质目标

1. 通过组内及小组之间的互助，培养学生的团队协作与沟通能力。
2. 鼓励学生不拘泥于课本的知识，通过多种方式解决遇到的问题。
3. 鼓励学生在绘图中追求精益求精，培养工匠精神。
4. 树立良好的文明使用计算机的习惯，培养学生纪律意识。

任务准备

1. 安装 AutoCAD 软件。
2. 确保计算机的记事本软件能够运行。

任务组织

1. 五人一组，其中一名学生担任组长。
2. 学生先独立完成任务内的案例及课堂练习。绘图过程中遇到问题，小组内成员互相帮助，解决问题。
3. 教师提出线型制作常见问题，鼓励学生通过阅读本书及小组互助的方式解决。
4. 教师进行点评，并集中讲解普遍存在的难点。
5. 完成课后练习。

4.1　制作污水管道线型

污水管道线型的图例如图 5-43 所示。

AutoCAD 的 acad.lin 文件是线型的管理文件。用记事本打开 \AutoCAD 2020\UserData Cache\zh-cn\Support 目录下的 acad.lin 文件。参照下述内容，编辑线型文件。

线型样式	名称
———— W ————	污水管道

图 5-43　污水管道线型

```
"*污水管，污水管 ---- W ----W ----W ----
A，.5，−.2，［"W"，STANDARD，S=.2，R=0.0，X=0.0，Y=−.05］，−.25"
```

155

以污水管道线型为例，每种线型都可以定位为两行，第一行定义线型的名称说明，第二行才是真正描述线型的代码。每个线型文件最多可容纳 280 个字符。各参数描述如下：

（1）"* 污水管"：线型的名称。注意：名称前面的 * 号不可以少。

（2）"污水管 ----W ----W---- W ----"：线型的描述。起到一个直观的注释作用，这种描述不能超过 47 个字符。

（3）"A，.5，–.2"："A"表示对齐方式；".5"相当于数值，为 0.5；"–.2"相当于数值，为 –0.2。在这种对齐方式下，第一个参数的值应该大于或等于 0，第二个参数的值应该小于 0。简单来说，正值表示落笔，AutoCAD 会画出一条相应长度的实线；负值则表示提笔，AutoCAD 会提笔空出相应长度。如 ".5，–.2"表示绘制一条 0.5 个单位长的线，留一段 0.2 个单位长的空白，接着绘制 0.5 个单位长的线，留一段 0.2 个单位长的空白，以此类推。

（4）"W"：线型中显示的文字，本线型中显示的文字为 W。文字除可以使用英文字体外，还可以使用中文字体。

（5）"STANDARD"：线型中字体的文字样式的名称。

（6）"S=.2"：字体的高度为 0.2。

（7）"R=0.0"：字体的旋转角度为 0。

（8）"X=0.0"：字体在 X 轴的位移为 0。

（9）"Y=–.05"：字体在 Y 轴的位移为 –0.05。

（10）"–.25"：线段与线段的间隙为 0.25。

注意事项：

（1）各项符号必须在英文状态下输入。

（2）用记事本修改后，选择"另存为"，编码选择" ANSI"，然后单击"保存"按钮，如图 5-44 所示。

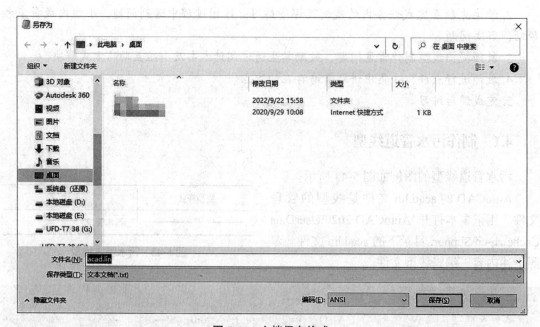

图 5-44　文档保存格式

1. 参考图 5-45，完成给水排水管道线型的制作。
2. 参考图 5-46，完成暖通空调管道线型的制作。

线型样式	名称
—— LQG ——	冷却水供水管（冷却塔出水管）
—— LQH ——	冷却水回水管（冷却塔进水管）
—— R ——	采暖供水管
- - - - R - - - -	采暖回水管
—— BS ——	自来水补给管
—— Pz ——	膨胀管
—— Pw ——	排水管
—— Z ——	蒸汽管
- - - - N - - - -	蒸汽凝结水管
—— LM ——	冷媒管
—— B ——	平衡管

线型样式	名称
—— J ——	小区市政给水管道
—— Y ——	雨水管道
—— F ——	废水管道

图 5-45　给水排水管道线型　　　　**图 5-46　暖通空调管道线型**

4.2　使用线型绘制管线

使用制作的污水管道线型，绘制污水管道管线。

操作步骤如下：

（1）打开"图层特性管理器"，新建"污水管道"图层。

（2）单击"污水管道"图层后的线型，在弹出的"选择线型"对话框中，单击"加载..."按钮，弹出"加载或重载线型"对话框。单击该对话框中的"文件..."按钮，在弹出的"选择线型文件"对话框中选择前面制作的线型文件，如图 5-47 所示。

（3）在"污水管道"图层下，使用"直线"（LINE）命令绘制直线。

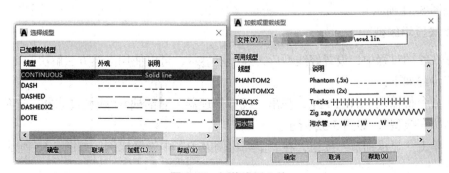

图 5-47　加载线型文件

课堂练习

1. 使用图 5-45 和图 5-46 制作的线型，绘制管线图例。

2. 尝试制作带中文字符的线型。例如，将图 5-45 中废水管道线型中的"F"换成"废"，如图 5-48 所示。

4.3 线型制作常见问题及解决方法

1. 带有中文字符的线型显示为问号

制作如图 5-48 所示的废水管道线型。

———————— 废 ———————— 废水管道

图 5-48 废水管道线型（带有中文字符）

线型制作方法如 4.1 和 4.2 所述。

用记事本打开 \AutoCAD 2020\UserDataCache\zh-cn\Support 目录下的 acad.lin 文件。参照下述内容，编辑线型文件。

"*废水管，废水管 ---- 废 ---- 废 ---- 废 ----
A，.5，–.2，["废"，STANDARD，S=.2，R=0.0，X=0.0，Y=–.05]，–.25"

按照上述方法制作并加载线型，使用该线型绘制时，可能会出现中文字符"废"显示为"?"的情况，如图 5-49 所示。

———————— ? ———————— 废水管道

图 5-49 线型文字显示为"?"

出现这种情况是字体样式设置错误的原因。如前文所述，"STANDARD"：线型中字体的文字样式的名称。所以要将中文字体显示出来，需要对该字体样式进行设置。

操作步骤如下：

（1）输入快捷键 ST，弹出"文字样式"对话框，单击"STANDARD"文字样式，如图 5-50 所示。

（2）勾选"使用大字体"，大字体中选择"gbcbig.shx"。单击"应用"按钮，关闭对话框。如图 5-51 所示。

2. 无法显示线型

如果在绘图过程中，设置好线型后，线型不显示，可以使用下述方法解决。

操作步骤如下：

（1）命令行输入 LINETYPE，弹出"线型管理器"对话框，"线型过滤器"选项组中选择"显示所有线型"，如图 5-52 所示。

（2）单击"显示细节"按钮，在"全局比例因子"中设置比例，如图 5-53 所示。

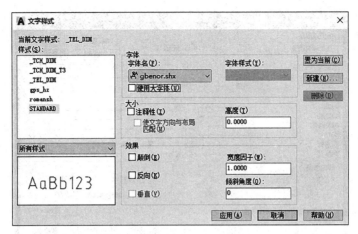

图 5-50 "文字样式"对话框（一）

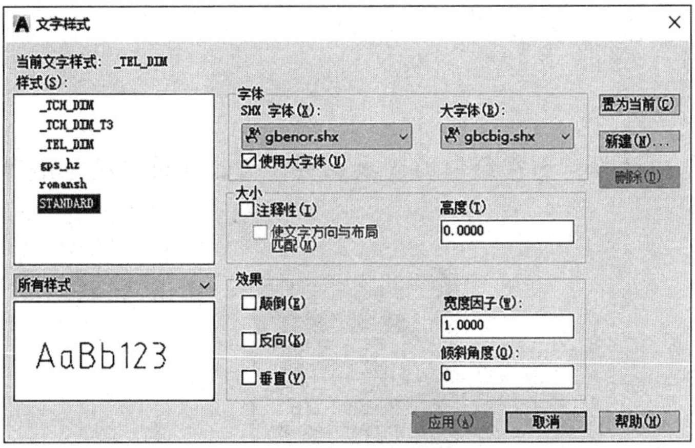

图 5-51 "文字样式"对话框（二）

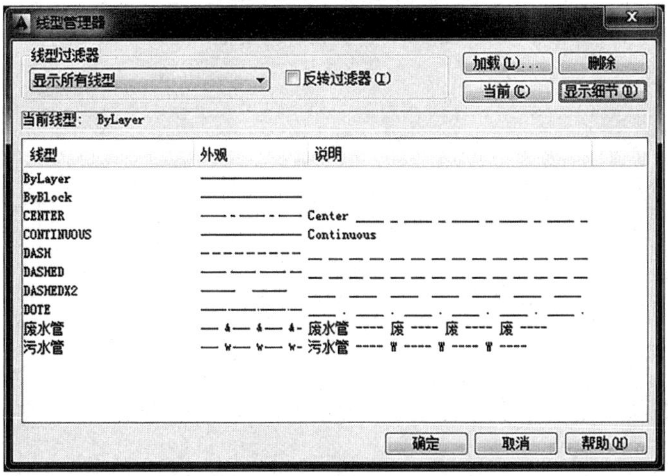

图 5-52 "线型管理器"对话框（一）

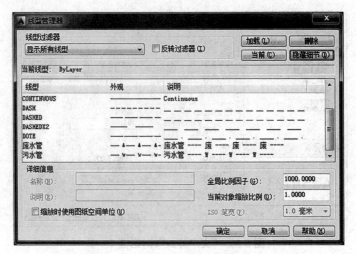

图 5-53 "线型管理器"对话框（二）

📖 课堂练习

打开"特性"对话框，选择绘制的管线图例，通过修改"线型比例"显示线型，如图 5-54 所示。

图 5-54 "特性"对话框

模块 6
用天正给排水绘制给排水施工图

天正给排水 T20-WT V8.0 版本（以下简称天正给排水 T20）支持 Windows10 64 位操作系统 AutoCAD 2010—2022 平台，是天正公司总结多年从事给排水软件开发的经验，结合当前国内同类软件的特点，收集大量设计单位对给排水软件的功能需求，向广大设计人员推出的专业高效的软件，涵盖室内、水泵间、室外设计，能自动生成系统图，进行材料表统计，完成各种专业计算并导出计算书。

天正给排水 T20 版本提供建筑图绘制、智能化管线系统、室内给排水、虹吸雨水、消防喷淋系统、室外给排水、水泵房、计算、文字表格等功能。

任务 1　认识天正给排水

任务目标

本任务介绍天正给排水软件及其设置。

素质目标

1.通过对天正给排水软件平台的认识，能够了解软件的基本功能，培养学生举一反三的自学能力、独立思考和分析能力。

2.通过对学生学习方法的引导，培养学生良好的学习能力，知识的综合运用能力，团队协作、计划、组织管理能力，团队意识和与人沟通能力。

任务准备

1. 安装 AutoCAD 2020 软件。
2. 安装天正给排水 T20 V8.0 软件。

1. 五人一组，其中一名学生担任组长。课前，安装天正给排水 T20 V8.0 软件。以小组为单位，阅读天正给排水帮助文件，熟悉软件界面。

2. 学生先独立完成任务内软件设置的操作。使用软件过程中遇到问题，小组内成员互相帮助，解决问题。完成任务后，组内成员互相点评。

3. 每组完成后，教师对各组进行点评和补充。

1.1 认识界面

天正软件对 AutoCAD 2020 的界面做出了重大补充，保留 AutoCAD 2020 的所有下拉菜单和图标菜单，不加以补充或修改，从而继承 AutoCAD 的操作风格，如图 6-1 所示。

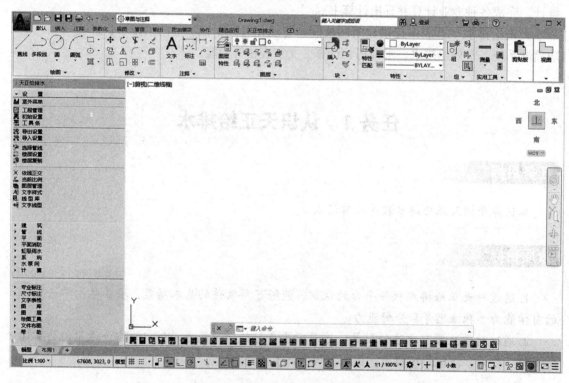

图 6-1 安装天正给排水 T20 软件后的 AutoCAD 2020 界面

1.2 菜单系统

天正给排水 T20 建立了独有的菜单系统，包括屏幕菜单、快捷工具条、快捷菜单等。与其他专业的天正软件不同的是，天正给排水 T20 软件菜单可分为室内和室外两部分，室内、室外菜单间的切换可通过执行"设置"中的相应命令进行。

（1）屏幕菜单。天正给排水的所有功能调用都可以在天正的屏幕菜单中找到，以树状结构调用多级子菜单。所有的分支子菜单都可以单击进入变为当前菜单，大部分菜单项都有图标，方便更快地确定菜单项的位置，如图 6-2 所示。

（2）快捷工具条。用户可以根据自己绘图习惯采用"快捷工具条"执行天正命令。天正工具条具有位置记忆功能，并融入 AutoCAD 工具条组。也可以在"选项"→"天正设置"中关闭工具条。使用"工具条"命令，可以使用户定制自己的图标菜单命令工具条（前 5 个不可调整），即用户可以将自己经常使用的一些命令组合起来，放置于工具条界面的具体位置。天正提供的自制工具条可以放置天正给排水的所有命令，如图 6-3 所示。

图 6-2　屏幕菜单

图 6-3　快捷工具条

单击"工具条"或命令行输入 GJT 后，会执行"工具条"命令。系统会弹出如图 6-4 所示的"定制天正工具条"对话框，单击"加入"按钮，将左侧选中的命令加入工具条中；单击"删除"按钮，删除工具条上的命令按钮；单击"修改快捷"按钮，修改左侧选中命令的快捷键，下次启动软件时生效。

（3）快捷菜单。快捷菜单又称右键菜单，在 AutoCAD 2020 绘图区域，单击鼠标右键，弹出如图 6-5 所示的快捷菜单，也可以通过以下方式调出：

1）鼠标置于 AutoCAD 对象或天正实体上使之亮显后，单击鼠标右键弹出此对象、实体相关的菜单内容；

2）鼠标单选对象或实体后，单击鼠标右键弹出相关菜单；

3）在绘图区域内按"Ctrl+鼠标右键"弹出常用命令组成的菜单。

图 6-4　"定制天正工具条"对话框

图 6-5　快捷菜单

课堂练习

在"选项"→"天正设置"中，勾选"开启天正快捷工具条"选项，显示天正快捷工具条。

1.3 平台设置

初次使用天正给排水 T20 时，对其进行自定义设置，可以使软件更贴合用户的使用习惯，从而提高绘图效率。执行初始设置功能时，可以设置图形尺寸，导线粗细，文字字行、字高和宽高比等初始信息。

（1）工程管理。"工程管理"工具（图 6-6）是管理同属于一个工程下的图纸（图形文件）的工具，建立由各楼层平面图组成的楼层集，在界面上方提供了创建立面、剖面、三维模型等图形的工具栏图标。"新建工程"命令，为当前图形建立一个新的工程，并为工程命名，如"办公楼给排水设计"。在界面中分为图纸栏和属性栏，在图纸栏中预设有平面图、消防平面图、系统图、室外管网等多种图形类别。在工程任意类别单击鼠标右键，出现右键菜单，可添加图纸或分类，如"一层平面图""二至四层平面图"等。

（2）初始设置。绘图之前的初始设置，可对管线、标注文字、双线管弯头、扣弯、洁具数据、室外设置、立管标注等主要功能进行初始设置，如图 6-7 所示。

图 6-6 "工程管理"菜单栏

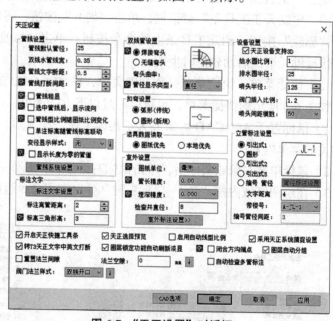

图 6-7 "天正设置"对话框

（3）工具条。根据个人习惯，定制快捷工具条，并支持修改命令的快捷键。

（4）导出设置。对本机的自定义设置进行导出处理，便于数据共享。

（5）导入设置。将自定义设置导入本机，避免重复工作。

（6）选择管线。可以对某个系统的立管及立管编号进行批量选择。

（7）楼层基点。设置楼层基点。选择楼层基点后，输入楼层名称即可定义楼层。

（8）楼层复制。按照楼层基点进行楼层的复制，此命令执行前必须先设置楼层基点。

164

（9）依线正交。根据选取行向线［直线（LINE）或折段线（PLINE）］的角度修改正交方向，进行管线绘制。

（10）当前比例。查看或切换当前视图比例。

（11）图层管理。设定天正图层系统的名称和颜色。

（12）文字样式。天正文字样式管理器，支持新建、删除、修改文字样式。

（13）线型库。将 AutoCAD 中加载的线型库导入到天正线型库中。

课堂练习

为当前图形建立一个新的工程，并为工程命名，如"办公楼给排水设计"。

1.4 文字标注

"单行文字"命令的主要功能：使用已经建立的天正文字样式，输入单行文字。

常用的调用方法如下：

（1）天正屏幕菜单：单击"文字表格"按钮，在子菜单中选择"单行文字" 字 ；

（2）命令行：输入 TTEXT；

（3）快捷工具条：单击天正快捷工具条中的 字 按钮。

制作单行文字操作步骤如下：

（1）激活"单行文字"命令后，弹出如图 6-8 所示的对话框。

（2）在文字输入框输入单行文字，输入到文字编辑区，在其中修改其内容。

图 6-8 "文字标注"对话框

（3）在文字参数区设定当前文字样式、对齐方式、文字书写角度、字高等参数。

（4）移动鼠标光标到指定区域，单行文字随即跟随鼠标移动，单击鼠标左键即可定位文字。

注意事项：双击单行文字，即可进入"单行文字"对话框，对这段文字进行编辑，或者对这段文字所使用的参数进行修改。

1.5 明确任务目的

为了完成如图 6-9～图 6-12 所示民用建筑给排水系统施工图的绘制，需要熟悉给排水系统的组成，掌握给排水系统施工图的内容和施工图识读的方法，全面掌握施工图中包含的施工安装内容，为工程的施工安装奠定基础。

施工平面图的识读是绘制前非常重要的一个环节，给排水系统施工图的识读要按照水流流动的方向进行。本次实训任务如下：

（1）熟悉所需完成的绘制任务。

（2）熟悉给定的给排水工程施工图纸。

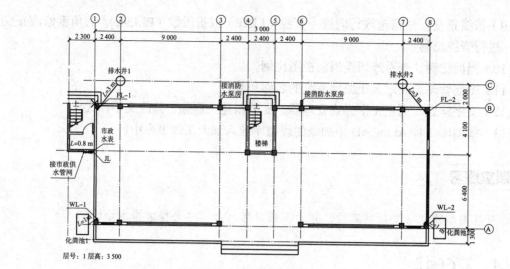

图 6-9　首层给排水平面图

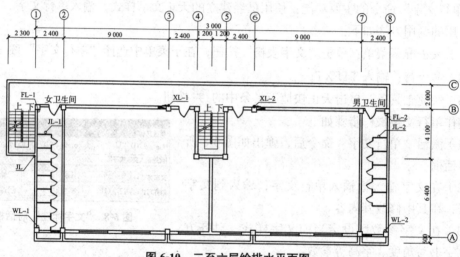

图 6-10　二至六层给排水平面图

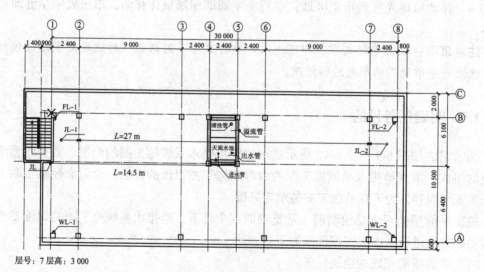

图 6-11　天面层给排水平面图

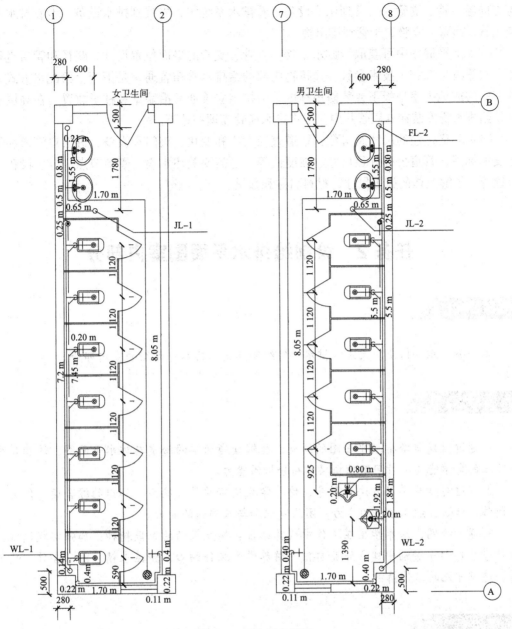

图 6-12 卫生间大样图

（3）进行施工平面图的识读。

（4）讨论商议教师提出的问题。

（5）准确地绘制给排水系统施工图。

为便于更准确地识读给排水系统施工图，识读时应掌握以下要点：

（1）查看图纸时先整体看，再缩小范围看细节部分；先了解图纸标注的图例表和说明，再查看平面图、系统图和大样图。

（2）根据水管处标明的水流方向，判定该给排水系统是排水系统还是给水系统。

（3）给排水系统应顺着水流的方向识图，看给水系统图，先找到给水引入管，沿着水流方向经干管、立管、支管到用水设备；看排水系统图，先找到排水设备，沿着排水方向经支管、横管、立管、干管到排出管。

（4）由平面图中可获取给排水干管、立管、支管的平面位置尺寸、路径和管道直径尺寸、立管编号等相关技术参数。建筑物内部的给排水管布置通常是下行上给配水方式，布置在一层或地下室顶板下或装修吊顶内。给排水立管通常沿墙壁和柱子放置。在高层建筑中，给排水管安装在专用管井内。出户排水横管需埋在地下。

（5）明确标注的尺寸及参数：管道直径大小和变化、阀门和设备、进出户管道和每个分支的标高、管道公称外径尺寸、坡度值等，还需要关注水表、管道节点、卫生设备、消火栓等，了解具体的施工尺寸、材料名称和数量。

任务 2 绘制给排水平面图室内部分

任务目标

本任务介绍如何使用天正给排水软件绘制建筑给排水平面图的室内部分。

素质目标

1. 通过对建筑给排水平面图的绘制，能够读懂简单的给水与排水平面图，培养学生举一反三的自学能力、对问题独立思考和分析的能力。

2. 通过对学生学习方法的引导，培养学生良好的学习能力，知识的综合运用能力，团队协作、计划、组织管理的能力，团队意识和与人沟通的能力。

3. 通过绘图，培养学生在工作中认真细致、精益求精的工匠精神；加强实践训练，可以让学生在动手劳动中建立职业自信。培养学生工作细心、精益求精、团队合作、吃苦耐劳、遵章守纪的工作精神。

任务准备

1. 安装 AutoCAD 2020 软件。
2. 安装天正给排水 T20 V8.0 软件。
3. 本任务以"某建筑给排水系统平面图 .dwg"为样版，提前下载该文件。

任务组织

1. 五人一组，其中一名学生担任组长。课前下载"某建筑给排水系统平面图 .dwg"。以小组为单位，识读某建筑给排水系统平面图。

2.学生先独立完成任务内例图的绘制。绘图过程中遇到问题，小组内成员互相帮助，解决问题。完成例图绘制后，组内成员互相点评。

3.部分命令的操作方法较为相似，可以结合讲解的命令，尝试使用类似的命令完成课堂练习。

4.每组完成后，教师对各组进行点评和补充。

2.1 布置洁具

在本任务中，建筑平面图绘制完成后，将进行洁具布置。布置洁具主要功能是在厨房或厕所中布置卫生洁具。根据图 6-13 所示的尺寸，在预览框中双击所需布置的卫生洁具，在对话框中设置初始间距、设备间距、设备离墙间距及设备尺寸，根据提示在图中的男、女卫生间正确布置洗脸盆等洁具。

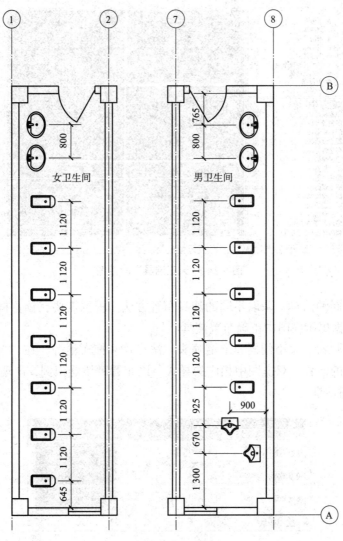

图 6-13　布置洁具

"布置洁具"常用的调用方法如下：

（1）天正屏幕菜单：单击"建筑"按钮，在子菜单中选择"布置洁具"选项；

（2）命令行：输入 TSAN。

操作步骤如下：

（1）使用"布置洁具"命令可用于洁具布置，如普通洗脸盆、台式洗脸盆、大小便器、浴缸、淋浴喷头、洗涤盆、小便池、盥洗槽等。

（2）对图 6-14 对话框所示的洁具进行修改，修改后再插入。单击"沿墙布置"图标，背墙为砖墙、侧墙为填充墙时，插入时命令行提示。

请选取沿墙边线＜退出＞：

在洁具背墙内皮上，靠近初始间距的一端取点。

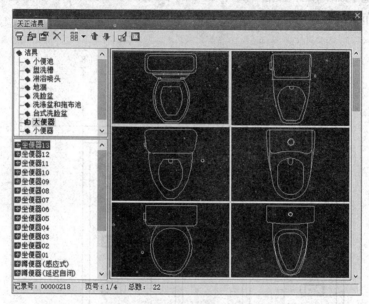

图 6-14 "天正洁具"对话框

（3）选择不同的洁具，采取不同的洁具布置方法。根据需要在预览框中双击所需布置的卫生洁具，根据提示在图中正确布置洁具。

对于柱式洗脸盆、大小便器、淋浴喷头、洗涤盆和拖布池等，在"天正洁具"对话框中选中所需布置的洁具，双击图中相应的样式，以布置蹲便器为例，出现如图 6-15 所示的"布置蹲便器"对话框。

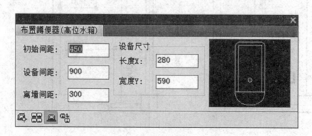

图 6-15 "布置蹲便器"对话框

操作步骤如下：

（1）根据项目具体情况在对话框中设置初始间距、设备间距、设备离墙间距及设备尺寸，如图 6-15 所示。设置完毕后在插入洁具时，命令行提示：

命令：TSAN
请选择沿墙边线＜退出＞：

（2）单击墙体边线或单击已有洁具。命令行提示：

插入第一个洁具［插入基点（B）]＜退出＞：

（3）单击墙体边线，在预定点上插入洁具，命令行提示：

下一个＜结束＞：
下一个＜结束＞：＊取消＊

（4）可重复按拾取键（左键），直到按 Enter 键退出。
注：对于浴缸、小便池、地漏等其他卫生洁具，布置步骤类似，在此不逐一赘述。

📖 课堂练习

根据图 6-13 所示的尺寸，在预览框中双击所需布置的卫生洁具，在对话框中设置初始间距、设备间距、设备离墙间距及设备尺寸，根据提示在图中男、女卫生间正确位置布置洗脸盆等洁具。

2.2 布置隔断

在本任务中，在二至六层给排水平面图中，厨房或厕所中布置卫生洁具后，需要插入作为分隔室内空间的立面，如隔墙、隔断等。"布置隔断"命令的主要功能：布置卫生间隔断，并调整隔断门的方向，如图 6-16 所示。
"布置隔断"命令常用的调用方法如下：
（1）天正屏幕菜单：单击"建筑"按钮，在子菜单中选择"布置洁具"选项；
（2）命令行：输入 BZJJ；
（3）快捷工具条：单击天正快捷工具条中的 🖳 按钮。
操作步骤如下：
（1）单击天正屏幕菜单"建筑"按钮，在子菜单中选择"布置洁具"（BZJJ）🖳，通过线选已经插入的洁具，布置卫生间隔断。命令行提示：

命令：TAPART
输入一直线来选洁具！

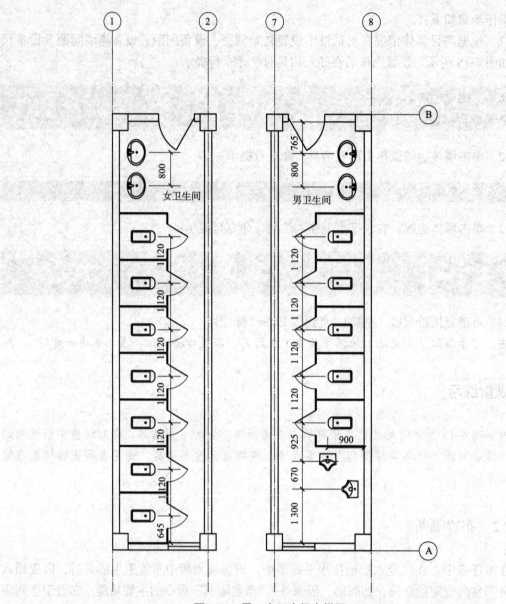

图 6-16　男、女卫生间大样图

（2）单击已经布置的卫生洁具，生成一条线，来覆盖所需要生成隔断的洁具范围。选取线起点，命令行提示：

起点：
终点：

（3）为了生成隔板长度 1 200 mm、带有宽度 600 mm 外开门的卫生间隔断，在命令行提示下输入数值：

隔板长度 <1 200.0000>：

隔断门宽 <600.0000>:

注意事项： 门的开向可以用夹点来改变，也可以通过门窗菜单中的内外翻转命令改变。隔断的对象类型与墙体相同，隔断门的对象类型就是门窗对象，可将对象看作是墙与门窗的关系，即选中对象进行编辑。

课堂练习

1. 参照图 6-10 所示的二至六层给排水平面图，布置女卫生间隔断，并调整隔断门的方向，如图 6-16 所示。

2. 为工程添加图纸或分类，命名为"卫生间大样图"。参考图 6-16，绘制建筑男、女卫生间的大样图。

2.3 立管布置

在本任务中，充分识读建筑图纸，在平面图中绘制立管，以便定位各水平管道。参照图 6-17，对卫生间沿墙或墙角布置立管。

"立管布置"命令常用的调用方法如下：

（1）天正屏幕菜单：单击"管线"按钮，在子菜单中选择"立管布置"选项；

（2）命令行：输入 LGBZ；

（3）快捷工具条：单击天正快捷工具条中的 按钮。

操作步骤如下：

（1）执行命令，弹出"绘制立管"对话框，如图 6-18 所示。

（2）选取相应类别的管线，在"墙距"输入框选择或输入从立管中心点到所选墙之间的距离，在"管径"输入框选择或输入管线的管径，立管的编号由程序以"累计加一"的方式自动按序标注，也可采用手动输入编号。

（3）选择立管的布置方式，立管的布置方式分为任意布置、墙角布置和沿墙布置三种。

（4）根据需要输入立管管底、管顶标高。

（5）在后续的设计过程中最终确定管径和标高后再用"单管标高""管径标注"或"修改管线"命令对标高、管径进行赋值。

提示： 在绘制管线和布置立管时，可以先不用确定管径和标高的数值，而采用默认管径和标高；如果在已知管径和标高的情况下，在绘制之前输入参数，可简化生成系统图的步骤。

值得注意的是，在实际工程案例中，不同楼层之间的立管位置默认对齐，方可垂直连接给排水管道。因此，在建筑未设置管井的情况下，不同楼层的平面图绘制立管时，要根据当前楼层轴线的相对参考位置或坐标对立管进行准确定位，即合理采用"布置方式"功能调整立管位置，避免管道错位引起误解或导致安装施工失误，如图 6-19 所示。

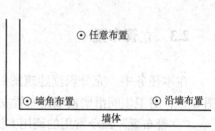

图 6-17　沿墙布置或墙角布置立管　　图 6-18　"绘制立管"对话框　　图 6-19　三种立管布置方式示意

课堂练习

1. 参照图 6-16 所示的男、女卫生间大样图，对照柱体、墙面、墙角等参照物的位置，根据图示尺寸及相关设计规范的要求，布置给排水管道立管。

2. 根据课堂练习题 1 所布置的立管位置，对当前楼层轴线的相对参考位置或坐标对立管进行准确定位，必要时可添加参考轴线。

3. 根据课堂练习题 1 的内容及对立管的定位，在首层给排水平面图、二至六层给排水平面图、天面层给排水平面图中绘制给排水管道立管，要求不同楼层的立管位置垂直对齐。

4. 在首层给排水平面图、二至六层给排水平面图中绘制消防管道立管。

2.4　绘制管线

在本任务中，参照图 6-11，对天面层给排水管道管线进行绘制。绘制给排水管道前，需设置管线图层、线型、颜色、线宽、标注、立管样式和立管半径等。

"绘制管线"命令常用的调用方法如下：

（1）天正屏幕菜单：单击"管线"按钮，在子菜单中选择"绘制管线"选项；

（2）命令行：输入 HZGX；

（3）天正快捷工具条：单击天正快捷工具条中的 按钮。

操作步骤如下：

（1）设置管线。单击天正屏幕菜单中的"管线"→"绘制管线"→"管线设置"，执行"管线设置"命令，系统弹出如图 6-20 所示的对话框，包括给水、热给水、热回水、污水、废水、雨水、虹吸雨水、中水、消防、喷淋、凝结等管线系统。通常情况下，上述各类管线系统已初始化颜色、线宽、线型等设置，这里不仅可以对已有系统的参数进行修改，还可以通过"增加系统"和"删除系统"来进行扩充与删减，用户可以根据实际需要自行调整。

管线系统	管线线宽	标注	室内管材	室外管材	立管样式	立管半径	水流状态	备注
给水								
热给水								
热回水								
污水								
废水								
雨水								
虹吸雨水								
中水								
消防								
喷淋								
凝结								
直饮								
压力污水								
压力废水								
压力雨水								
市政水								
循环水								
冷却								
气体灭火								
蒸汽								
雨淋								
通气								
水景								
双管								
其它								

图 6-20 "管线设置"对话框

（2）绘制给排水系统管线时，单击屏幕菜单中的"绘制管线"或快捷工具条中的按钮，可在 AutoCAD 图中绘制管线。单击"绘制管线"或命令行输入 HZGX 后会执行"绘制管线"命令，系统弹出"绘制管线"对话框，如图 6-21 所示。

（3）绘制管线前，必须在"绘制管线"对话框内对各选项进行参数设定。各选项的含义如下：

1）管线类型：绘制管线前，先选取相应类别的管线。系统自带若干种管线类型，如给水、热给水、热回水、污水、废水、雨水、虹吸雨水、中水、消防、喷淋、凝结等。在该列表中选择相应的管线类型，就可以在绘图区域绘制相应的管线，各种管线有颜色、线型等方面的区分。管线类型及示例如图 6-22 所示。

2）管径：选择或输入管线的管径，在"初始设置"中可定义其默认值。单击按钮，可设置是否自动读取前一管线管径。绘制管线时可以不用输入管径，也可采用默认管径，之后在设计过程中确定了管径后再用"标注管径"或"修改管径"对管径进行赋值或修改。默认管径在初始设置中设定。绘制管线标注管径如图 6-23 所示。

3）标高：输入管线的标高。与管径相同，可以在确定了标高后再使用"单管标高"或"修改管线"命令进行修改。由于管线与其上文字标注是定义在一起的实体，故选择或输入了管线信息后，绘制出的管线就带有了管径、标高等信息，但不显示。单击"管径标注" **DN** 按钮，可自动读取或多选标注这些信息。另外，当管线要连接到与其标高不同的设备上时，系统会自动完成连接。设备的标高会自动跟随管线的标高。引出的管线信息如图 6-24 所示。

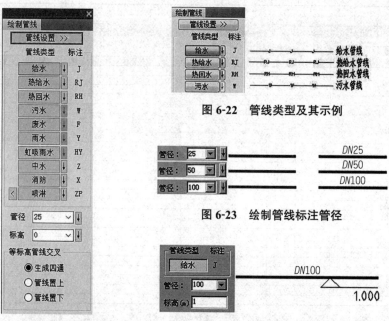

图 6-21　"绘制管线"对话框

图 6-22　管线类型及其示例

图 6-23　绘制管线标注管径

图 6-24　引出的管线信息

4）等标高管线交叉：对管线交叉处的处理有生成四通、管线置上、管线置下三种方式。在标高不同的情况下，标高较高的管线自动遮挡标高较低的管线。

注意事项：标高优先于遮挡级别，即标高较高的管线即使遮挡级别低，仍然遮挡标高较低的管线。

（4）选择相应的管线类型，进行管线的绘制。命令行提示：

> 请点取管线的起始点［输入参考点（R）/切换分区（E）/切换系统（Q）/输入标高（V）］<退出>：

（5）单击选择起始点后，命令行反复提示：

> 请点取管线的终止点［轴锁 0 度（A）/轴锁 30 度（S）/轴锁 45 度（D）/选取行向线（G）/弧管线（R）/回退（U）］<结束>（当前标高：0）：

此时，输入不同的字母命令，可以选择对应的功能：

1）输入字母 "A"，进入轴锁 0 度，在关闭正交的情况下，可以任意角度绘制管线。

2）输入字母 "S"，进入轴锁 30 度方向上绘制管线。

3）输入字母 "D"，进入轴锁 45 度方向上绘制管线。

4）输入字母"G"，选取参考线进行平行绘制管线。

5）输入字母"R"，绘制弧线管段。

6）输入字母"V"，命令行提示：

请给出管线标高：<0.00 米>

（6）完成管线绘制。

课堂练习

参考平面图 6-9 和图 6-10，对首层、二至六层的给排水管道管线进行绘制。

2.5 布消火栓

如图 6-25 所示，在本任务中设置平面消火栓的形式，以及系统接管方式，在平面图中布置消火栓。

"布消火栓"命令常见的调用方法如下：

（1）天正屏幕菜单：单击"平面消防"按钮，在子菜单中选择"布消火栓"选项；

（2）命令行：输入 BXHS；

（3）天正快捷工具条：单击天正快捷工具条中的"布消火栓"按钮。

启动"平面消火栓"对话框，如图 6-26 所示。

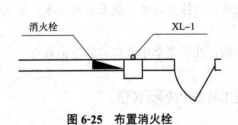

图 6-25 布置消火栓

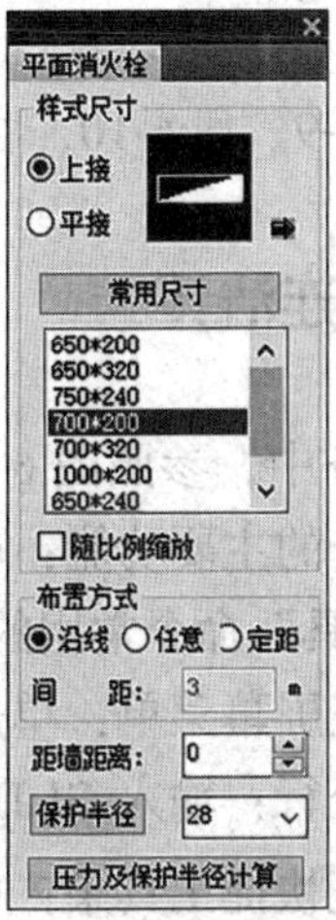

图 6-26 "平面消火栓"对话框

操作步骤如下：

（1）单击"布消火栓"按钮，或在命令行输入 BXHS，弹出"平面消火栓"对话框。

（2）选择要布置的消火栓的样式，可以单击消火栓平面样式图块进行选择。

（3）在"常用尺寸"中修改消火栓箱的尺寸。

（4）在"布置方式"选项组中选择消火栓布置方式。布置方式说明：

1）选择"沿线"，命令行提示：

请拾取布置消火栓的外部参照、墙线、柱子、直线、弧线＜退出＞

根据提示，选择外部参照、墙线、柱子、直线、弧线，沿线布置消火栓。

2）选择"任意"，命令行提示：

请点取消火栓插入点［90度旋转（A）/ 左右翻转（F）］：＜退出＞

根据提示单击插入点，任意布置消火栓，或命令行输入 A 或 F，旋转或翻转消火栓。

3）选择"定距"，命令行提示：

请拾取布置消火栓的外部参照、墙线、柱子、直线、弧线＜退出＞

根据提示，选择外部参照、墙线、柱子、直线、弧线，根据输入的间距，与墙端、线端或沿线的消火栓定距布置消火栓。

（5）在"距墙距离"选项组中，选择消火栓沿墙布置时距墙的距离。

（6）在"保护半径"选项组中，选择或输入保护半径值。

（7）在"压力及保护半径计算"选项组中，计算消火栓的栓口压力、保护半径和充实水柱。

（8）执行命令后，单击布置消火栓的天正墙体（或直线、弧线），拖动鼠标动态决定消火栓布置的方向，也可以同时按 E 键或 D 键进行放缩，单击鼠标左键确定完成插入。

课堂练习

参照图 6-9、图 6-10，在适当位置设置消火栓箱。

2.6 管连洁具

在本任务中，参照图 6-12 所示的卫生间大样图，实现给水管与用水洁具的连接。"管连洁具"命令的主要功能：可将已定义的洁具连接到冷水、热水管和污水、废水管上。

"管连洁具"命令常用的调用方法如下：

（1）天正屏幕菜单：单击"平面"按钮，在子菜单中选择"管连洁具"；

（2）命令行：输入 GLJJ；

（3）天正快捷工具条：单击天正快捷工具条中的　　按钮。

操作步骤如下：

（1）执行"管连洁具"命令后，命令行提示：

请选择干管＜退出＞：

（2）选择洁具要连接的干管，命令行提示：

请选择需要连接管线的洁具＜退出＞：

（3）单击选择要连管的洁具，单击鼠标右键确定。

注意事项：使用"管连洁具"命令将洁具连接管道时，应注意以下几点：

（1）给水附件的给水点是直接插在管线上的，故在由平面图转系统图的过程中，连接洁具与管线的短管只在平面图中显示而不生成系统图。当要删除不使用的或画错的洁具时，平面图上的连接管线和给水点将不会被自动删除，需要特别注意手动将支管上的给水点删除。

（2）排水系统的"管连洁具"命令，指定的排水点在洁具上，而与管线之间的连接管是由系统自动生成的，平面图和轴测图上都有此连接管，不存在手动删除管线上排水点的情况。

 **课堂练习**

参照图 6-12 所示的卫生间大样图，实现排水管与污水洁具的连接。

2.7　设备连管

如图 6-27 所示，在本任务中，将给水、排水、消防设备连接到干管上。

"设备连管"命令常见的调用方法如下：

（1）天正屏幕菜单：单击"管线"按钮，在子菜单中选择"设备连管"；

（2）命令行：输入 SBLG；

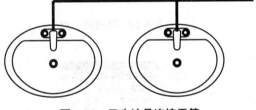

图 6-27　卫生洁具连接干管

（3）天正快捷工具条：单击天正快捷工具条中的"设备连管"按钮![设备连管按钮]。

操作步骤如下：

（1）单击屏幕菜单中的"管线"按钮，在子菜单中选择"设备连管"，执行该命令后，命令行提示：

> **请选择干管<退出>：**

（2）单击选择一个需要将设备连于其上的干管。命令行提示：

> **请选择需要连接管线的设备<退出>找到 1 个，总计 1 个**

（3）选择需要连接管线的设备。

（4）单击鼠标右键确认连接。

（5）框选要连管的设备（选定后设备成虚线），管线与设备自动完成连接。

 **课堂练习**

参照图 6-12 所示的卫生间大样图，实现管线与卫生洁具自动完成连接。

2.8 连消火栓

如图 6-28 所示，在本任务中，连接消火栓和立管、消火栓和干管。

"连消火栓"命令常用的调用方法如下：

（1）天正屏幕菜单：单击"平面消防"按钮，在子菜单中选择"连消火栓"；

（2）命令行：输入 LXHS；

（3）天正快捷工具条：单击天正快捷工具条中的 按钮。

操作步骤如下：

（1）执行"连消火栓"命令后，弹出"连消火栓"对话框，对话框有"立消连接""干消连接"两个选项卡，在对话框中选择消火栓连接样式，设置连接消火栓的管道的标高、管径，如图 6-29 和图 6-30 所示。

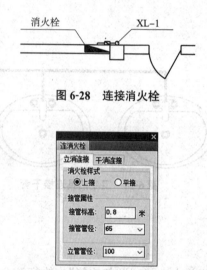

图 6-28 连接消火栓

图 6-29 "连消火栓"对话框中"立消连接"菜单　　图 6-30 "连消火栓"对话框中"干消连接"菜单

（2）选择"立消连接"，命令行提示：

请框选消火栓与消防立管（支持多选）<退出 >：

1）框选消火栓和消防立管，单击鼠标右键确定。

2）如果所选消火栓都连接到立管，则命令退出；如果有消火栓未连接到立管，命令行提示：

总共有 1 个消火栓未完成连接！<退出 >：

3）选中未完成连接的消火栓，单击鼠标右键，命令退出。

（3）选择"干消连接"，命令行提示：

请选择单根消防干管与多个消火栓<退出 >：

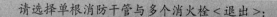

1）选择单根消防干管和多个消火栓，单击鼠标右键确定。

2）如果所选消火栓都连接到干管，则命令退出；如果有消火栓未连接到干管，命令行提示：

总共有 2 个消火栓未完成连接！＜退出＞：

3）选中未完成连接的消火栓，单击鼠标右键，命令退出。

📖 **课堂练习**

为所有的消火栓箱连接相邻的消防干管或立管。

2.9 阀门阀件

在本任务中，参照图 6-9 首层给排水平面图，根据给排水相关设计规范，在市政供水管网接入处合理位置布置全铜螺纹水表、闸阀等部件，"阀门阀件"功能可实现在管线上插入平面图或系统图形式的阀门图件。

"阀门阀件"命令常用的调用方法如下：

（1）天正屏幕菜单：单击"平面"按钮，在子菜单中选择"阀门阀件"；

（2）命令行：输入 FMFJ；

（3）天正快捷工具条：单击天正快捷工具条中的"阀门阀件"按钮 。

操作步骤如下：

（1）执行命令后，系统弹出"T20 天正给排水软件图块"对话框，如图 6-31 所示。

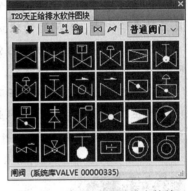

图 6-31 "T20 天正给排水软件图块"对话框

（2）选择要插入的阀门后，命令行反复提示：

请指定阀件的插入点 { 放大 [E] / 缩小 [D] / 左右翻转 [F] } ＜退出＞：

（3）将阀门阀件插在管线上，按 E、D、F 键可使阀门阀件放大、缩小、左右翻转，单击鼠标右键退出。若是在立管上插入阀门，命令行会继续出现提示：

请输入插入点标高 [注：立管标高范围（0.000-3.000）]（3.000）：

（4）输入标高后，命令行提示：

请输入布置角度（0.000）：

（5）输入角度后插入完成。

（6）双击已插入的阀门，可以直接弹出"阀门编辑"对话框，可直接修改阀门大小和种类。

参照图 6-9 所示的首层给排水平面图，为消防连接管布置蝶阀。

任务3　绘制给排水平面图室外部分

任务目标

本任务介绍如何使用天正给排水软件绘制建筑给排水平面图的室外部分。

素质目标

1. 通过建筑给排水平面图的绘制，能够读懂简单的给水与排水平面图，培养学生举一反三的自学能力、对问题的独立思考和分析能力。

2. 通过对学生学习方法的引导，培养学生良好的学习能力，知识的综合运用能力，团队协作、计划、组织管理能力，团队意识和与人沟通的能力。

3. 通过绘图，培养学生在工作中认真细致、精益求精的工匠精神；加强实践训练，可以让学生在动手劳动中建立职业自信。培养学生工作细心、精益求精、团队合作、吃苦耐劳、遵章守纪的工作精神。

任务准备

1. 安装 AutoCAD 2020 软件。
2. 安装天正给排水 T20 V8.0 软件。
3. 本任务以"某建筑给排水系统平面图 .dwg"为样版，提前下载该文件。

任务组织

1. 五人一组，其中一名学生担任组长。课前下载"某建筑给排水系统平面图 .dwg"。以小组为单位，识读某建筑给排水平面图。

2. 学生先独立完成任务内例图的绘制。绘图过程中遇到问题，小组内成员互相帮助，解决问题。完成例图绘制后，组内成员互相点评。

3. 部分命令的操作方法较为相似，可以结合讲解的命令，尝试使用类似的命令完成课堂练习。

4. 每组完成后，教师对各组进行点评和补充。

在天正给排水 T20 中，"室外菜单"部分包括室外绘图、室外标注、纵断面图、室外计算、管线综合五部分，可快速绘制出各种管网系统及构筑物，并进行管网水力计算和纵断面图绘制。

3.1 布置井

在本任务中根据首层给排水平面图（图 6-9），在建筑外围两侧，废水管（FL-1、FL-2）连接到排水井。通过"布置井"功能，在图中布置检查井（圆形、方形）、阀门井、跌水井、水封井等，系统将自动标示出井号，且依据布井方向定义管道坡度方向。

"布置井"命令常用的调用方法如下：

（1）天正屏幕菜单：单击"室外绘图"按钮，在子菜单中选择"布置井"选项；

（2）命令行：输入 BZJ；

（3）天正快捷工具条：单击天正快捷工具条中的 ⬦ 按钮。

操作步骤如下：

（1）执行命令后，弹出"布置室外井"对话框，如图 6-32 所示。

（2）在"管道系统"选择自动绘制管线的类型，系统会在标注的井编号上体现出这一信息；如选雨水管，标注的井编号为 Y-1，污水管为 WL-1 等。在"井参数"选项组单击图片，就可出现检查井、阀门井、水封井、跌水井等选择框。命令区提示：

> 命令：BZJ
> 请点取插入点［输入参考点（F）/选取参考线（L）］＜退出＞：
> 请点取井插入点［回退（U）/选取行向线（F）］＜退出＞：

（3）通过连续单击选择可指定布置各类井，如勾选"自动绘制管线"，系统将自动连接所布置的井，如图 6-33 所示。

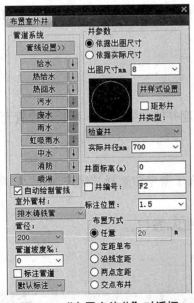

图 6-32 "布置室外井"对话框

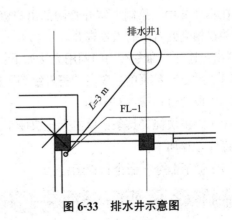

图 6-33 排水井示意图

参照图 6-9 所示的首层给排水平面图，根据给排水相关设计规范，在合理位置布置排水井。

3.2 布置池

在本任务中，根据首层给排水平面图（图 6-9），在建筑外围两侧，污水管（WL-1、WL-2）连接到化粪池。在图中插入化粪池、隔油井、沉淀池、降温池、中和池等。

"布置池"命令常用的调用方法如下：

（1）菜单点取"设置"，单击"室外菜单"按钮，在"室外绘图"菜单栏单击选择"布置池"选项；

（2）命令行：输入 BZC。

操作步骤如下：

（1）在菜单上单击或在绘图区域单击鼠标右键执行命令，如图 6-34 所示。

图 6-34 "布置池"对话框

（2）选择池的类型后给出具体尺寸，插入图中时，命令行提示：

请点取池插入点 [90 度翻转 (R)] <完成>：

（3）单击鼠标确定池的插入位置即可。

参照图 6-9 所示的首层给排水平面图，根据给排水相关设计规范，在合理位置布置化粪池。

3.3 出户连井

在本任务中，绘制至室外管网的出户管。出户连井的主要功能：延长出户管至室外管网，并在相交处自动插入检查井。

"出户连井"命令常用的调用方法如下：

（1）天正屏幕菜单：单击"室外绘图"按钮，在子菜单中选择"出户连井"选项；

（2）命令行：输入 CHLJ；

（3）天正快捷工具条：单击天正快捷工具条中的 按钮。

操作步骤如下：

（1）激活命令，命令行提示：

请选择室外干管 <退出>

（2）单击选择由"布置井"命令绘制的污水管线，命令行提示：

请选择出户管＜退出＞

（3）选取由"绘制管线"命令绘制的污水排出管，确定后自动完成干管和排出管的连接，并插入检查井，如图 6-35 所示。

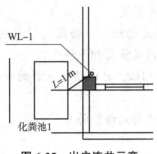

图 6-35　出户连井示意

📖 课堂练习

参照图 6-9 所示的首层给排水平面图，在废水立管与排水井之间进行排出管的连接。

任务 4　绘制水箱部分

任务目标

本任务介绍如何使用天正给排水软件绘制建筑给排水平面图所示的水箱。

素质目标

1.通过对建筑水箱的绘制，能够读懂简单的水箱平面图和系统图，培养学生举一反三的自学能力、对问题的独立思考和分析能力。

2.通过对学生学习方法的引导，培养学生良好的学习能力，知识的综合运用能力，团队协作、计划、组织管理能力，团队意识和与人沟通的能力。

3.通过绘图，培养学生在工作中认真细致、精益求精的工匠精神；加强实践训练，可以让学生在动手劳动中建立职业自信。培养学生工作细心、精益求精、团队合作、吃苦耐劳、遵章守纪的工作精神。

任务准备

1.安装 AutoCAD 2020 软件。

2. 安装天正给排水 T20 V8.0 软件。

3. 本任务以"某建筑给排水系统平面图 .dwg"为样版，提前下载该文件。

任务组织

1. 五人一组，其中一名学生担任组长。课前下载"某建筑给排水系统平面图 .dwg"。以小组为单位，识读建筑给排水平面图。

2. 学生先独立完成任务内例图的绘制。绘图过程中遇到问题，小组内成员互相帮助，解决问题。完成例图绘制后，组内成员互相点评。

3. 部分命令的操作方法较为相似，可以结合讲解的命令，尝试使用类似的命令完成课堂练习。

4. 每组完成后，教师对各组进行点评和补充。

根据图 6-11 所示的天面层给排水平面图的识图结果，市政给水经给水立管（JL）沿建筑物外墙引上至天面水池，天面水池由土建单位现场采用混凝土浇筑，用于建筑日常储水。天面水池设置生活出水管、溢流管和清洗管，建筑用水由生活出水管输送至两侧的给水立管（JL-1、JL-2）并垂直向下输送至各楼层。

4.1 绘制水箱

在本任务中，参考图 6-36 绘制天面水池。"绘制水箱"功能可绘制圆形、方形水箱。

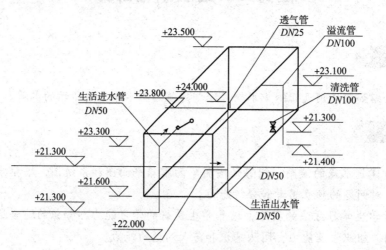

图 6-36 天面水箱系统图

"绘制水箱"命令常用的调用方法如下：

（1）天正屏幕菜单：执行"室内菜单"→"水泵间"→"绘制水箱"命令；

（2）命令行：输入 HZSX；

（3）天正快捷工具条：单击天正快捷工具条中的 按钮。

操作步骤如下：

（1）激活"绘制水箱"命令。执行命令后，系统弹出"绘制水箱"的对话框（图6-37）。

（2）在"绘制水箱"对话框中可输入水箱参数、标高等参数，选择水箱的形状，输入水箱的长、宽、高，以及水箱底高，在"水箱容积"的显示栏中就会自动出现体积值。

（3）单击"标准水箱"的按钮，弹出"选择水箱"对话框，在对话框中单击选择任一标准水箱型号的尺寸，数据将直接导入水箱参数中。

（4）勾选是否需要人孔或枕木。

（5）在"标高"选项组输入"高水位"和"低水位"值，在水箱立面图和生成的剖面图中都会显示出这两个水位；"低水位"还可用作消防水位。"进水标高"和"泄水标高"用来在立面图或剖面图上调整、修改已绘制的进水管和泄水管标高。如图6-37所示参数均为参照图6-36所示标高关系所设置。

图6-37 "绘制水箱"对话框

（6）设置参数后单击"确认"按钮插入时，命令行提示：

請点取水箱插入点＜退出＞：

（7）在图中选择水箱的放置位置即可。

（8）需要生成水箱系统图，单击屏幕菜单"水泵间"→"水箱系统"即可放置水箱系统图（图6-38）。

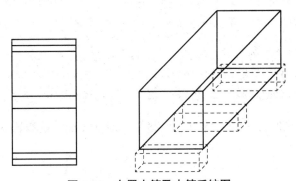

图6-38 布置水箱及水箱系统图

📖 课堂练习

参照图6-11天面层给排水平面图及图6-36天面水箱系统图的尺寸参数，对天面水池进行绘制。

4.2 绘制溢流管

在本任务中，在天面水池设置生活出水管、溢流管和清洗管。

"溢流管"命令常用的调用方法如下：

（1）天正屏幕菜单：执行"水泵间"→"溢流管"命令；

（2）命令行：输入 YLG；

（3）天正快捷工具条：单击天正快捷工具条中的 📶 按钮。

操作步骤如下：

（1）激活"溢流管"命令。激活命令后，可在水箱上增加溢流管和泄水管。执行命令后，弹出"增加溢流管"对话框。

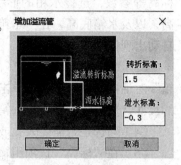

图 6-39　"增加溢流管"对话框

（2）填入如图 6-39 所示的溢流管转折处标高和泄水管标高。如无须转折，转折标高则填入最高水位标高，泄水标高为负数则表示泄水管在水箱底面以下。单击"确认"按钮后，命令行提示：

> 请选择平面方水箱＜退出＞：
> 请点取溢流管位置＜退出＞：

（3）单击选择溢流管的插入点，此位置决定了溢流管的水平长度。命令行提示：

> 请点取溢流管引出位置＜退出＞：

（4）用鼠标直接拽出溢流管转折后的平面长度，原则上此长度应能容纳其下端泄水管（清洗管）上阀门的长度。此时，绘制的溢流管与泄水管默认共用同一末端水管，可双击管线对管线进行修改，如溢流管与泄水管分离并独立设置末端水管等，以满足工程需要。如需要实现泄水管贴水箱面布置，可使用"立管定位"指令，此时命令行显示：

> 命令：PTDW
> 请选择需要定位的喷头或立管＜退出＞：
> 请选择参考位置，如墙、喷头＜退出＞：
> 请在编辑框内输入新的距离＜按 Enter 键完成，按 Esc 键退出＞

（5）输入新的距离时，可输入此时管径参数，即可实现贴墙布置立管，如图 6-40 所示。

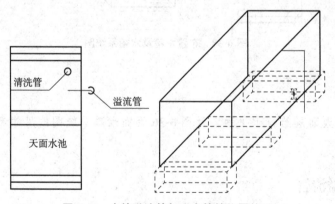

图 6-40　水箱溢流管与泄水管的位置关系

1. 参照图 6-11 天面层给排水平面图及图 6-36 天面水箱系统图，使用"溢流管"命令对天面水池的溢流管和泄水管进行绘制。

2. 参照图 6-11 天面层给排水平面图及图 6-36 天面水箱系统图，使用"布置管线""阀门阀件"等命令，手动对天面水池的溢流管和泄水管进行逐一绘制。

4.3 绘制进水管

本任务中，生活用水经给水立管（JL）沿建筑物外墙引上至天面水池，再由天面水池采用间接供水方式由立管 JL-1、JL-2 供给各楼层的卫生器具用水。

"进水管"命令常用的调用方法如下：

（1）天正屏幕菜单：执行"水泵间"→"进水管"命令；

（2）命令行：输入 JSG；

（3）天正快捷工具条：单击天正快捷工具条中的 🔲 按钮。

操作步骤如下：

（1）激活"进水管"命令。在水箱上增加进水管。执行命令后，命令行提示：

请选择平面方水箱 <退出>：
请点取进水管位置 <退出>：

（2）此时，在水箱上单击选择第一个进水管管口的位置。

请点取进水管引出位置 <退出>：

（3）用鼠标直接拽出进水管长度。

请点取第二个进水管位置 <退出>：

（4）确定与第一个平行的另一个进水管的位置。

请输入进水管标高 <退出>：

（5）给出进水管的标高值，一般为最高水位＋浮球阀高度。绘制完成后，可切换到工具条的"西南轴测" 🔷 观察管线布置情况。系统默认配置一个通用阀门，可在图中选中该阀门单击鼠标右键，对其进行更换或修改，比如更换成浮球阀或移动位置等操作。

实际上，无论是绘制溢流管还是进水管，上述指令都是模块化应用"绘制管线""立管布置"和"阀门阀件"等常规指令的集合，其绘制的结果与联合操作一系列常规指令所绘制的结果一致。因此，对绘制的管线或阀门等一些实体，双击即可进入对话框，对其进行独立编辑、调整或更换；也可以单击鼠标右键对管线或阀门等部件进行编辑、修改、调整，如改变流向、更改图层等，如图 6-41 所示。

图 6-41　右键快捷菜单及"修改管线"对话框

📖 **课堂练习**

参照图 6-11 天面层给排水平面图及图 6-36 天面水箱系统图，对天面水池的进水管、出水管进行绘制，如图 6-42 所示。

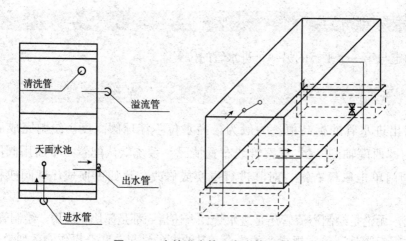

图 6-42　水箱进水管、出水管示意

任务 5　绘制系统图

任务目标

本任务介绍如何使用天正给排水软件绘制建筑给排水系统的系统图。

素质目标

1. 通过对建筑平面图的绘制，能够读懂简单的给水与排水系统图，培养学生举一反三的自学能力、对问题的独立思考和分析能力。

2. 通过对学生学习方法的引导，培养学生良好的学习能力，知识的综合运用能力，团队协作、计划、组织管理能力，团队意识和与人沟通的能力。

3. 通过绘图，培养学生在工作中认真细致、精益求精的工匠精神；加强实践训练，可以让学生在动手劳动中建立职业自信。培养学生工作细心、精益求精、团队合作、吃苦耐劳、遵章守纪的工作精神。

任务准备

1. 安装 AutoCAD 2020 软件。
2. 安装天正给排水 T20 V8.0 软件。
3. 本任务以"某建筑给排水系统平面图 .dwg"为样版，提前下载该文件。

任务组织

1. 五人一组，其中一名学生担任组长。课前下载"某建筑给排水系统平面图 .dwg"。以小组为单位，识读某建筑给排水系统图。

2. 学生先独立完成任务内例图的绘制。绘图过程中遇到问题，小组内成员互相帮助，解决问题。完成例图绘制后，组内成员互相点评。

3. 部分命令的操作方法较为相似，可以结合讲解的命令，尝试使用类似的命令完成课堂练习。

4. 每组完成后，教师对各组进行点评和补充。

5. 完成课后练习。

系统图的功能如下：

（1）配合平面图反映并规定整个系统的管道及设备连接状况，指导施工。

（2）反映系统的工艺及原理。通过系统图很容易判断整个系统设计的正确、合理、先进与否。

（3）表示在平面图中难以表示清楚的细节内容，如立管的设计、各层横管与立管及给排水点的连接、设备及器件的设计及其在系统中所处的环节等。

5.1 系统生成

在本任务中，使用"系统生成"命令，快速生成建筑给排水系统图。命令主要功能：根据平面图生成系统轴测图，还可以生成多楼层多系统的管道系统图。

"系统生成"命令常用的调用方法如下：

（1）天正屏幕菜单：单击"系统"→"系统生成"；

（2）命令行：输入 XTSC；

（3）天正快捷工具条：单击天正快捷工具条中的 ⭜ 按钮。

操作步骤如下：

（1）激活命令后，弹出"平面图生成系统图"对话框，如图 6-43 所示。

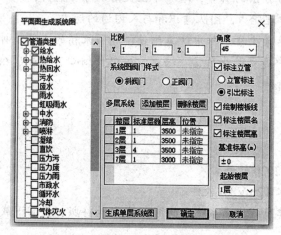

图 6-43 "平面图生成系统图"对话框

（2）可依据用户需要选择生成系统图的角度，有 30° 和 45°；

（3）选择对应楼层种类的平面图内容，如图 6-43 所示设置楼层、标准层数及层高，并在"位置"栏确定生成系统图的平面图的范围。命令行提示：

选择自动生成系统图的所有平面图管线＜退出＞：（逐一选中首层至天面层平面图）

（4）点取多层系统图的接线点，注意此接线点必须是同一立管。命令行提示：

请点取基点（通常是连接各楼层的立管）＜退出＞：

（5）点取系统图的放置位置。命令行提示：

请点取系统图位置＜退出＞：

（6）命令结束后，得到由平面图生成的给水系统图，如图 6-44 所示。

注意事项：可通过"水泵间"→"水箱系统"（SXXT）⬛ 命令得到由水箱的平面图生成的该水箱系统图。

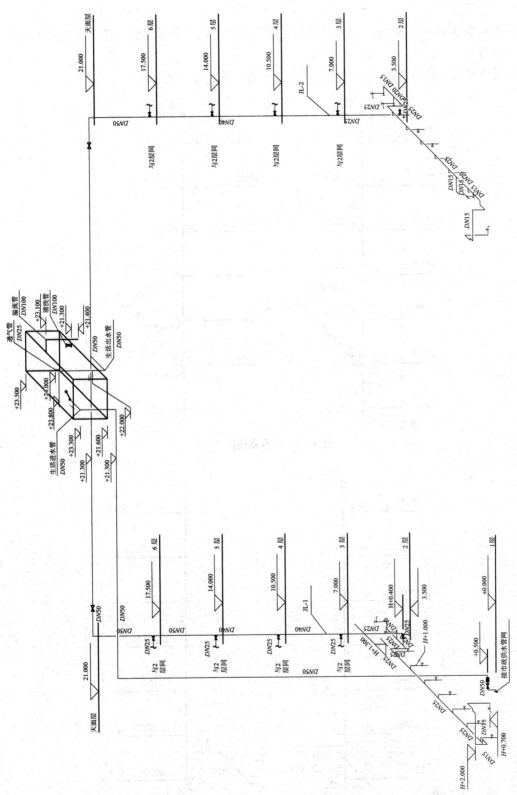

图 6-44 给水系统图

课堂练习

1. 参考图 6-45 和图 6-46，使用"系统生成"命令完成多楼层污水、废水、消防系统的管道系统图。

2. 对多楼层系统的管道系统图进行文字、标高、管径等参数标注。

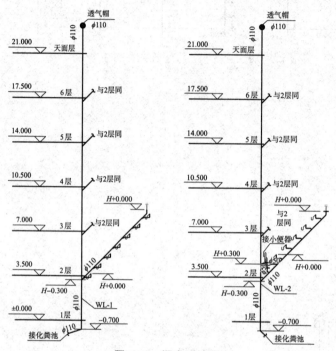

图 6-45　污水系统图

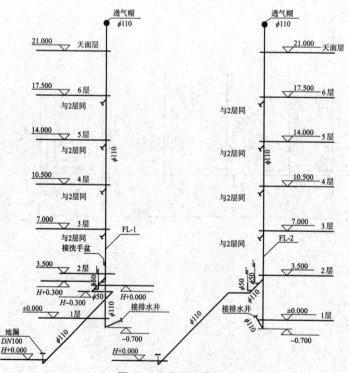

图 6-46　废水系统图

5.2 消防系统

在本任务中，参考图 6-47，生成消防系统图。

"消防系统"命令常用的调用方法如下：

（1）天正屏幕菜单：执行"系统"→"消防系统"命令；

（2）命令行：输入 XFXT；

（3）天正快捷工具条：单击天正快捷工具条中的 🏳 按钮。

操作步骤如下：

（1）激活命令后，弹出如图 6-48 所示的"消火栓系统"对话框。

（2）在"消火栓系统"对话框中，输入合适的各参数后，根据命令行提示，将消火栓插入到图中得到如图 6-47 所示的消防系统图。命令行提示：

请点取系统图位置＜退出＞：

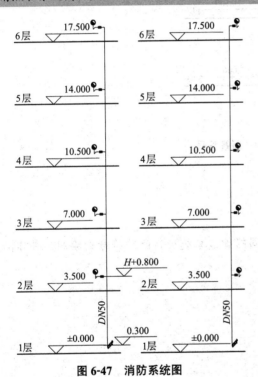

图 6-47 消防系统图

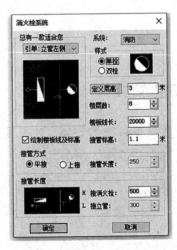

图 6-48 "消火栓系统"对话框

📖 课堂练习

参考图 6-47，对消防系统图进行文字、标高、管径等参数标注。

5.3 断管符号

在本任务中，参考图 6-44～图 6-48，在系统图内布置断管符号。使用断管符号，可以对相同的管道系统进行缩略，以便简化系统图。"断管符号"命令的主要功能：在管线的末端插入断管符号。

"断管符号"命令常用的调用方法如下：

（1）天正屏幕菜单：执行"管线"→"断管符号"命令；

（2）命令行：输入 DGFH；

（3）天正快捷工具条：单击天正快捷工具条中的 ➡ 按钮。

操作步骤如下：

（1）激活"断管符号"命令。

（2）激活命令后，点选或框选需添加断管符号的管线，命令行提示：

请选择需要插入断管符号的管线＜退出＞：

（3）单击鼠标右键确认后，系统将自动在管线末端生成断管符号，如图6-49所示。

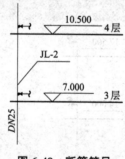

图6-49　断管符号

📖 课堂练习

参考图6-44～图6-46，对不同楼层相同的管道系统进行断管符号的绘制，并作必要的文字标注。

模块 7
用天正暖通绘制空调施工图

任务 1　认识天正暖通

任务目标

1. 认识并设置天正暖通软件。
2. 初步识读暖通系统平面图。

素质目标

1. 通过对软件功能的学习，能够熟悉软件平台的常见操作，培养学生举一反三的自学能力；
2. 能够读懂简单的暖通平面图，培养学生对问题的独立思考和分析能力；
3. 通过对学生学习方法的引导，培养学生良好的学习能力，知识的综合运用能力，团队协作、计划、组织管理能力，团队意识和与人沟通的能力。

任务准备

1. 安装 AutoCAD 2020 软件。
2. 安装天正暖通 T20 V8.0 软件。

任务组织

1. 五人一组，其中一名学生担任组长。课前，安装天正暖通 T20 V8.0 软件。
2. 课堂上以小组为单位，阅读天正暖通帮助文件，熟悉软件界面，讨论软件平台的使用方法。
3. 教师对图纸进行初步的讲解。
4. 学生对有疑问的知识点采用小组讨论等形式的互助性学习，发挥出合作学习的效能。

天正暖通 T20 V8.0 版本支持 Windows10 64 位操作系统 AutoCAD 2010—2022 平台，是天正公司面向广大设计人员推出的专业高效的软件。天正暖通 T20 V8.0 运行的操作系统环境和支持的图形平台与天正给排水 T20 V8.0 一致，其兼容性、操作方法等也与天正给排水相似，对软硬件环境要求请参照模块 6 配置平台运行环境。

天正暖通 T20 V8.0 版本提供建筑图绘制、智能化管线系统、多联机设计、供暖绘图、地暖设计、空调风管、材料统计、防排烟、负荷计算、采暖水力计算、空调水路计算、风管水力计算、地板采暖计算、散热器片数计算、焓湿图计算等功能。

1.1 认识界面

天正软件对 AutoCAD 2020 的界面做出了重大补充。保留 AutoCAD 2020 的所有下拉菜单和图标菜单，不加以补充或修改，从而保持 AutoCAD 的常用界面，如图 7-1 所示。

天正暖通菜单系统、平台设置等内容与天正给排水软件相似，这里不再赘述，详细内容可以扫描右侧二维码。

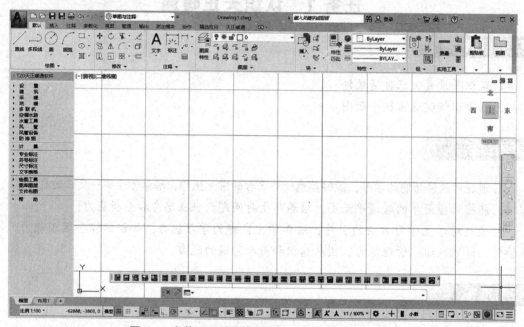

图 7-1　安装天正暖通软件后的 AutoCAD 2020 界面

1.2 明确任务目的

为了完成图 7-2 所示的民用建筑通风系统施工平面图的绘制，需要熟悉通风系统的组成，掌握通风系统施工图的内容和施工图识读的方法，全面掌握施工图中包含的施工安装内容，为工程的施工安装奠定基础。

施工平面图的识图是绘制前非常重要的一个环节，通风系统施工图的识读要按照气流流动的方向进行识读。本次实训任务如下：

（1）熟悉所需完成的绘制任务。

（2）熟悉给定的通风工程施工图纸。

（3）进行施工平面图的识读。

（4）讨论商议教师提出的问题。

（5）准确地绘制空调系统施工平面图。

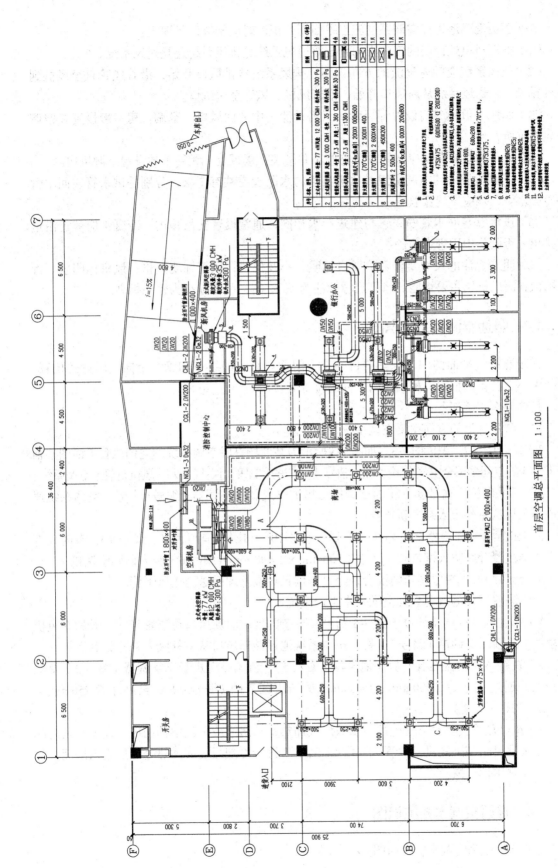

首层空调总平面图 1:100

图 7-2 民用建筑通风系统施工平面图

为便于更准确地识读空调系统施工平面图，识读时应掌握以下要点：

（1）根据风口处标明的气流方向判定该通风系统是排风系统还是送风系统。

（2）通风系统应顺着气流的方向识图，排风系统从排风口开始，沿着风管直至风机到室外排风口；送风系统从新风口开始，沿着风机、风管至送风口。

（3）回风一般不专门设置回风管，只需设置集中的回风口。空调机房一般设置在空调通风系统所在层。

（4）简单的空调系统应直接设置空调箱并吊装在楼板上，无须单独设置空调机房。

（5）空调机房内的空调机组及风机盘管的水路管道共有 3 条，分别是供水管、回水管和冷凝水管，均应设置保温层。

（6）供水管与回水管的布置与建筑给水相同，通常设置在吊顶内。冷凝水应就近沿地漏排出，否则集中用管道输送。

（7）明确标注的尺寸及参数：风口标明大小及位置；风管标明规格；风机标明主要性能参数；阀门标明主要性能。风管尺寸标注为宽 × 高，风管标高为管底标高。

1.3 暖通空调风系统识图

在暖通系统平面图中，识图的目的是了解通风系统的组成和管线走向、风井的位置、管径大小、设备的位置、相关阀门管件的位置等。

具体操作步骤如下：

（1）顺着气流的方向识读空调系统平面图。

1）结合图 7-2，识读图 7-3。如图 7-3 所示为某商场首层空调系统的空调风管平面图。轴号①～④的空间采用全空气空调系统，轴号④～⑦的空间采用空气 – 水（风机盘管）空调系统。

2）新风口位于轴号③～④的空调机房里的立式新风空调器（编号 1）旁，空调系统通过该新风口从室外吸入补充新鲜空气。

3）在新风空调器处有一静压消声器（编号 10）和回风消声百叶（编号 9），室内大部分空气通过百叶和防火调节阀（尺寸 2 500 mm × 1 400 mm）（编号 6）吸入回到空调机房。

4）新风与回风在空调箱内混合，经过空调箱热湿处理后送至送风干管。

（2）顺着气流的方向识读空气 – 水空调系统。

1）空气 – 水空调系统位于图 7-3 轴号④～⑦的区域。新风口位于轴号⑤～⑥的新风机房里的立式新风空调器（编号 1）旁，空调系统通过该新风口从室外吸入补充新鲜空气。

2）在新风空调器处有一静压消声器（编号 5），新风经立式新风空调器（编号 2）热湿处理后，通过尺寸为 2 500 mm × 1 400 mm 的防火调节阀（编号 8）送至尺寸为 450 mm × 200 mm 的送风干管。

3）风机盘管主要对空气进行冷却减湿或加热，从房间或吊顶中抽回风。在大厅及房间内，主要通过暗装卧式风机盘管（编号 4）对空气进行冷却减湿或加热处理后送入房间，从房间或吊顶中抽回风。

1.4 暖通空调水系统识图

图 7-4 所示为空调水管平面图。

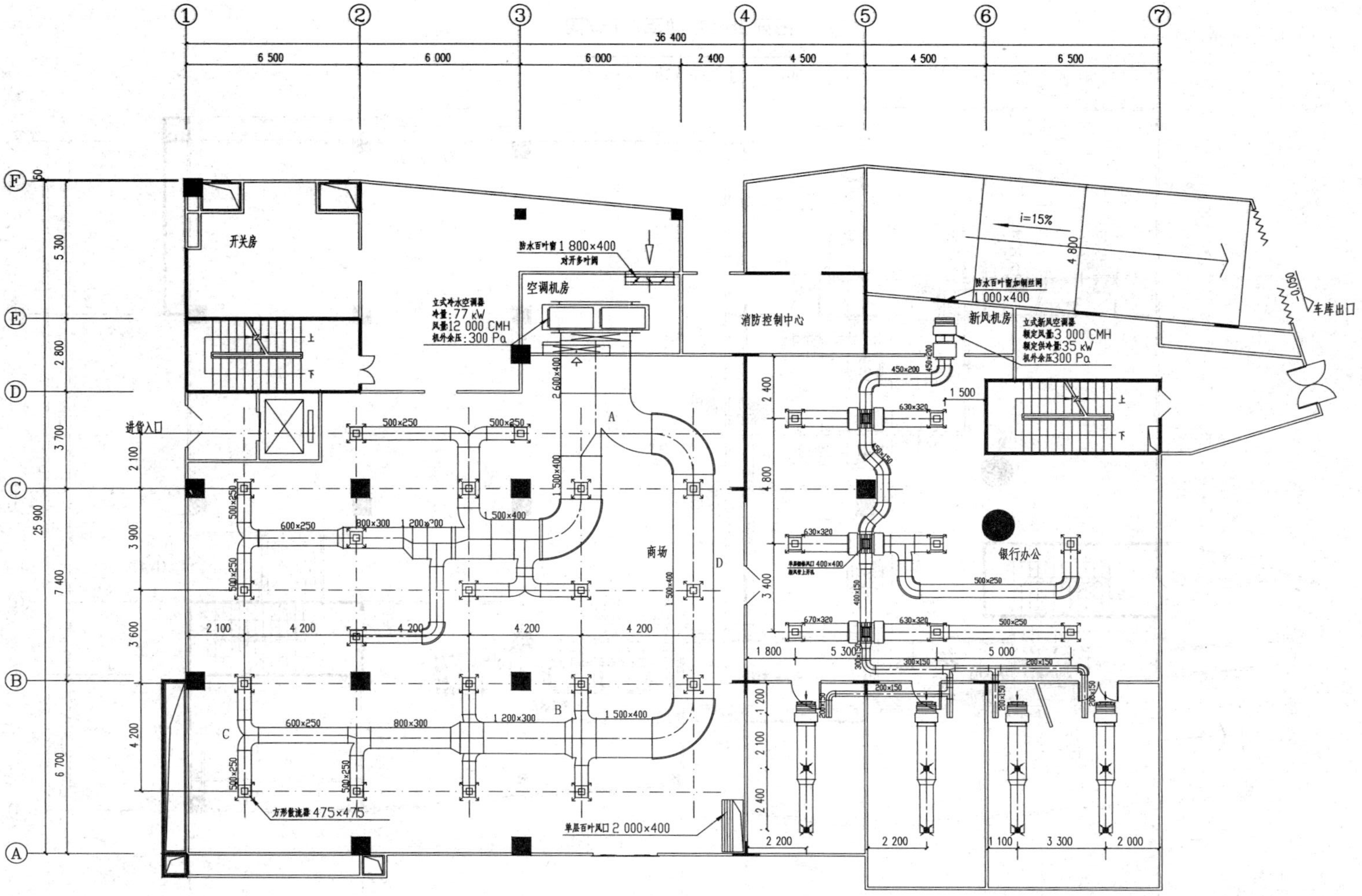

首层空调风管平面图 1:100

图 7-3　空调风管平面图

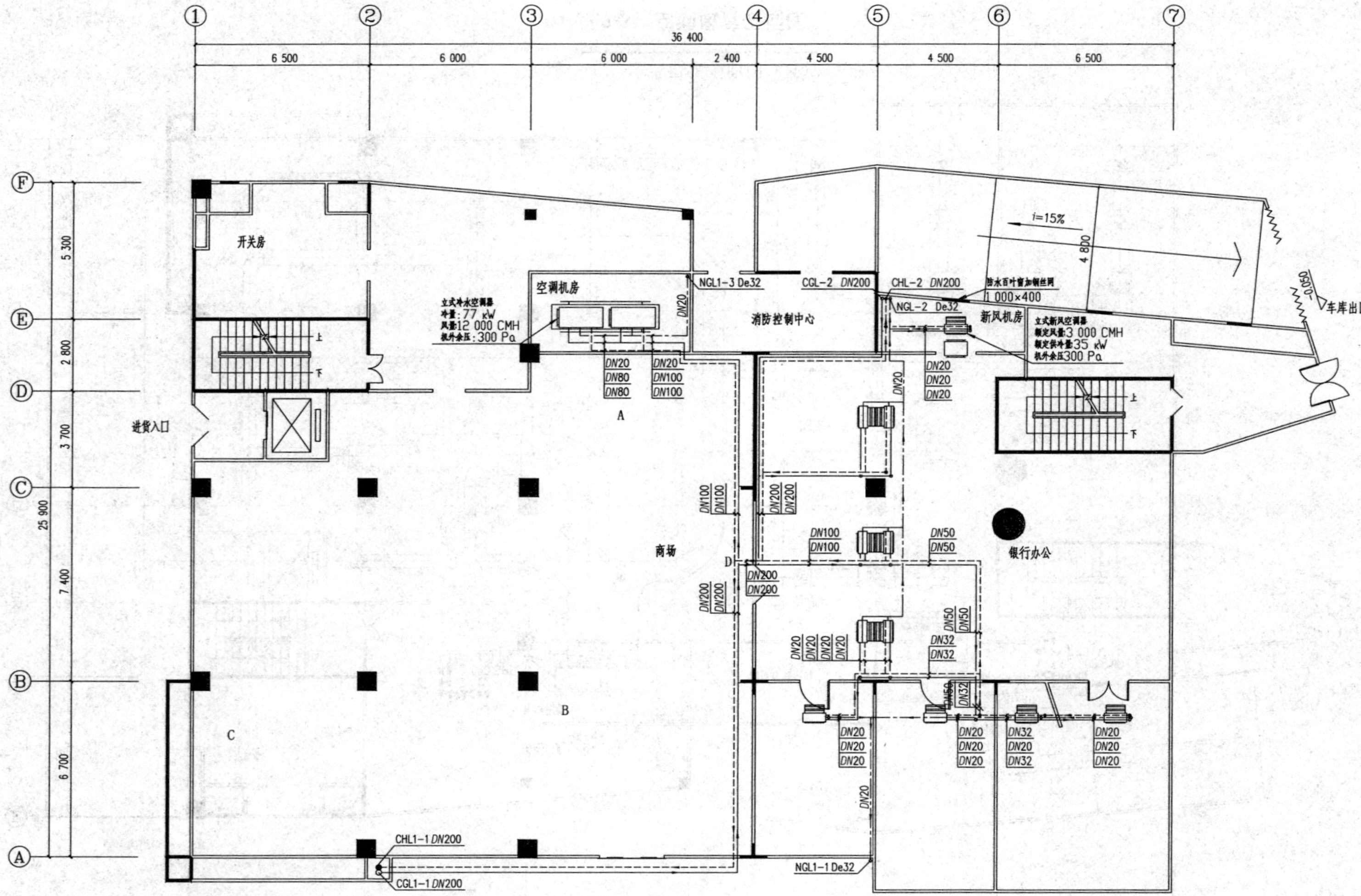

首层空调水管平面图 1:100

图7-4 空调水管平面图

识图具体操作步骤如下：

顺着气流的方向识读空调水系统平面图。

（1）图中冷水空调器与风机盘管接空调供水管、回水管和冷凝水管道；

（2）图中冷冻水从负一层制冷机组沿管井（轴号Ⓐ与轴号②交界处）的CGL1-1立管接入，引出冷冻水水管；

（3）水管沿隔墙布局，主冷水干管于风管之下安装，分别接入空调机房和新风机组，冷冻水水管将冷冻水送至空调机房的两台立式冷水空调器及右半部分每台风机盘管；

（4）水系统方面，风机盘管均需连接3条水管，分别是供水管、回水管、冷凝水管，新风机组也需接3条水管，水管均需做保温层。

任务2　绘制空调通风平面图

任务目标

本任务介绍使用天正暖通T20 V8.0绘制建筑暖通平面图的风系统部分。

素质目标

1.通过对建筑平面图的绘制，能够读懂并绘制简单的暖通风系统平面图，培养学生举一反三的自学能力、对问题的独立思考和分析能力。

2.通过对学生学习方法的引导，培养学生良好的学习能力，知识的综合运用能力，团队协作、计划、组织管理能力，团队意识和与人沟通的能力。

3.培养学生在工作中认真细致、精益求精的工匠精神；加强实践训练，可以让学生在动手劳动中建立职业自信。培养学生工作细心、精益求精、团队合作、吃苦耐劳、遵章守纪的工作精神。

任务准备

1.安装AutoCAD 2020软件。

2.安装天正暖通T20 V8.0。

3.本任务以"某建筑暖通系统平面图.dwg"为样版，请提前下载该文件。

任务组织

1.五人一组，其中一名学生担任组长。课前下载"某建筑暖通系统平面图.dwg"。以小组为单位，再次识读某建筑暖通平面图。

2.学生先独立完成任务内例图的绘制。绘图过程中碰到问题，小组内成员互相帮助，解决问题。完成例图绘制后，组内成员互相点评。

203

3. 部分命令的操作方法较为相似，可以结合讲解的命令，尝试使用类似的命令完成课堂练习。

4. 每组完成后，教师对各组进行点评和补充。

2.1 风管管线绘制

在本任务中，需在空调机房处连接静压箱和送风风管段，送风经过防火调节阀（尺寸 2 600 mm × 400 mm）流入送风管；然后分出两段尺寸均为 1 500 mm × 400 mm 的支管，如图 7-3 中 A 处。右边的 1 500 mm × 400 mm 支管由于散流器将风量减少，风管尺寸缩小为 1 200 mm × 300 mm，同时分出 500 mm × 250 mm 的两段支管。两个散流器的间距为 4 200 mm，如图 7-3 中 B 处。风管尺寸随着风量减少而减小，到风管末端，风管分为两段，尺寸均为 500 mm × 250 mm，如图 7-3 中 C 处。

"风管绘制"命令常用的调用方法如下：

（1）天正屏幕菜单：执行"风管"→"风管绘制"命令。

（2）命令行：输入 FGHZ；

（3）天正快捷工具条：单击天正快捷工具条中的 ■ 按钮。

在绘制风系统前，进行相关设置。在天正屏幕菜单中选择"设置" ⬛ 执行命令，在弹出的"风管设置"对话框中可以设置图层、构件参数、计算设置、材料规格、标注设置、法兰样式、风管厚度等属性参数，包括净化、加压送风、回风、排烟、排风、排风排烟、新风、消防补风、送风、通风等管线系统。通常情况下，上述各类管线系统已初始化颜色、线宽、线型等设置，这里不仅可以对已有系统的参数进行修改，还可以通过"增加系统"和"删除"来进行扩充和删减，用户可以根据实际需要自行调整。

在绘制风系统时，执行"风管绘制"命令或单击快捷工具条中的 ■ 按钮可在 AutoCAD 图中绘制风管管线。

具体操作步骤如下：

（1）执行"风管绘制"命令，弹出如图 7-5 所示的"风管设置"对话框。

图 7-5 "风管设置"对话框

（2）绘制风管前，必须在"风管布置"对话框（图7-6）内对各选项进行参数设定。各选项的含义如下：

1）管线类型：系统自带净化、加压送风、回风、排烟、排风、排风排烟、新风、消防补风、送风、通风10种管线类型。在下拉列表中选择相应的管线类型，就可以在绘图区绘制相应的管线，各种风管有颜色、线型等方面的区分。

2）风管材料：系统自带9种材料，如镀锌钢板、混凝土风道等，用于设置风管使用的材料。

3）风量：设置对应系统的风管、风口或除尘罩的风量及单位。

4）中心线标高：锁定风管中心线的标高。

5）截面类型：用于切换矩形风管与圆形风管。

6）截面尺寸：手动输入或从列表中选择风管宽高值。"V""R""Py"值提供风速、比摩阻、沿程阻力的即时计算值以供参考。

7）水平偏移：设置了偏移后可达到沿线定距绘制风管的目的。

8）升降角度：绘制带升降角度的风管，此处的角度即为"俯视图"情况下风管与水平方向夹角。

9）对齐方式：可设置风管之间的横向或纵向的对齐方式，包括9种对齐方式。单击对齐方式的图样，可指定对齐方式。

10）完成管线绘制后，用鼠标双击所要修改的管线，在打开的图7-7所示的"风管编辑"对话框中修改其实体或绘制属性值就可以修改风管管线。如果需要修改管线的弯头，则可在管线的弯头处单击，打开图7-8所示的"弯头修改"对话框。

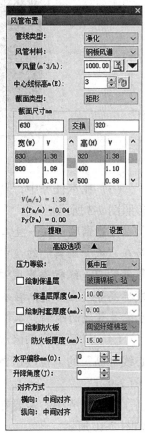

图7-6 "风管布置"对话框

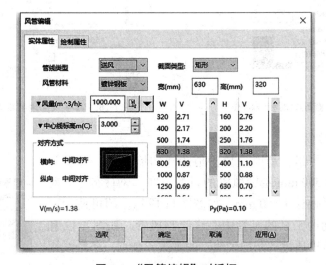

图7-7 "风管编辑"对话框

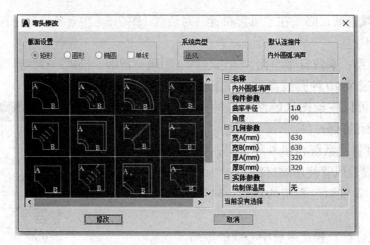

图 7-8 "弯头修改"对话框

（3）在本任务中，需分别在空调机房与新风机房两处设备间引出通风管道。管道尺寸参照图 7-3 所示。

注意事项： 在一般工程案例中，通常要求风管贴大梁底安装（按照"上皮取齐"要求），而在"风管编辑"的"中心线标高"设置框是锁定风管中心线的标高，因此，需要通过计算风管中心线标高及风管的高度尺寸之间的关系，避免风管与建筑物层高、梁高及其他管线标高等发生冲突。在本任务中，默认层高为 3 m，为简化教学、减小建筑物构造对风管、水管等管线的限制，本任务忽略建筑大梁标高的影响，默认风管贴楼板下沿安装即可。

（4）风管标高的修改可在完成管线绘制后，双击所要修改的管线，单击图 7-7 中"中心线标高"的下拉按钮 ▼，修改风管管线标高参照标准，如"管顶标高""底线标高"等（图 7-9）。

在本任务中，需要在新风机房出风口处，在距离内墙 1 500 mm 的位置绘制新风风管，如图 7-10 所示。

图 7-9 修改标高参照标准

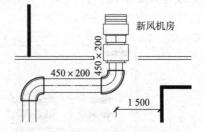

图 7-10 偏移风管角度绘制风管

具体操作步骤如下：

（1）在新风机房里，新风送风管道距离内墙 1 500 mm。为达到沿内墙定距 1 500 mm 绘制风管的目的，在"风管布置"对话框设置风管水平偏移 1 500 mm，如图 7-11 所示，即可使用风管定距偏移角度辅助工具的风管中心线绘制风管，如图 7-12 和图 7-13 所示。也可以通过"添加轴线"的方式，新增一条轴线用于风管始端的定位。

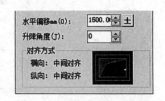

图 7-11 设置"水平偏移"

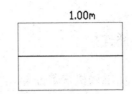

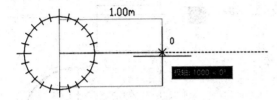

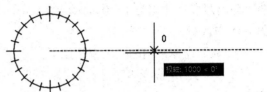

图 7-12 未设置水平偏移时风管未偏移中心线   图 7-13 设置水平偏移后风管定距偏移中心线

（2）绘制风管前，在"风管布置"对话框内对各选项进行参数设定，如管线类型、风管材料、截面尺寸、中心线标高等。

（3）绘制风管时的球状辅助物为角度辅助工具。角度辅助工具可设定风管偏离角度。

（4）绘制一段风管后，偏移角度辅助工具的风管角度，系统即可自动绘制弯头连接下一段风管，如图 7-10 所示。

（5）在绘制下一段截面尺寸不同的风管前，可在"风管布置"对话框调整参数（如从 450 mm×200 mm 变为 450 mm×150 mm），系统将自动插入变径管，实现不同规格风管的连接。最终完成图 7-10 所示的风管平面图。

📖 课堂练习

如图 7-14 所示，绘制风管平面图。在新风机房引出风管后，绕开柱体，布置风管。风管从 450 mm×200 mm 变为 450 mm×150 mm。

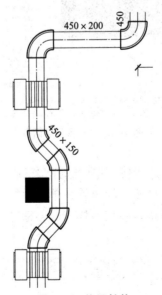

图 7-14 绕开柱体

2.2 风管三通连接

在本任务中，从空调机房静压箱出发，送风经过防火调节阀（尺寸 2 600 mm × 400 mm）流入送风管；然后分出两段尺寸均为 1 500 mm × 400 mm 的支管，如图 7-15 中 A 处。

"三通"命令常用的调用方法如下：

（1）天正屏幕菜单：执行"风管"→"三通"命令。

（2）命令行：输入 3T。

（3）天正快捷工具条：单击天正快捷工具条中的"三通"按钮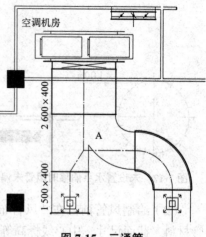

图 7-15　三通管

具体操作步骤如下：

（1）为进行三通连接和任意布置三通，单击"三通"按钮 或在命令行输入"3T"，执行命令，也可以选中任意风管或连接件通过右键快捷菜单调出该命令，执行该命令后弹出图 7-16 所示的"三通"对话框。图中红框框选样式即为当前样式，即进行连接、替换时使用的样式。

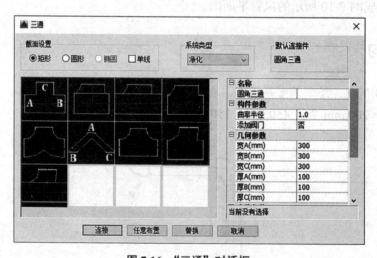

图 7-16　"三通"对话框

（2）单击鼠标右键，在弹出的快捷菜单中选择"三通"命令，如图 7-17 所示，根据命令行提示，选中 2 ～ 3 根截面类型相同的风管，单击鼠标右键确定即可完成三通连接。如果当前连接样式为矩形承插、斜接这些三通样式时，框选风管单击鼠标右键确定后命令行提示：

"请选择主风管＜退出＞："

（3）鼠标光标指定主风管确定流向完成连接。

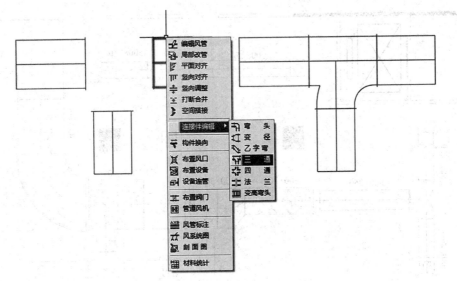

图 7-17　通过右键快捷菜单选择"三通"命令

（4）选中风管时，风管两端会出现"＋"号按钮 ✚。拖拽风管中间的"＋"号"启动绘制命令"夹点可快捷生成三通，如图 7-18 所示。同理，中间位置"＋"夹点可拖拽引出风管并使当前的三通变为四通，如图 7-19 所示。

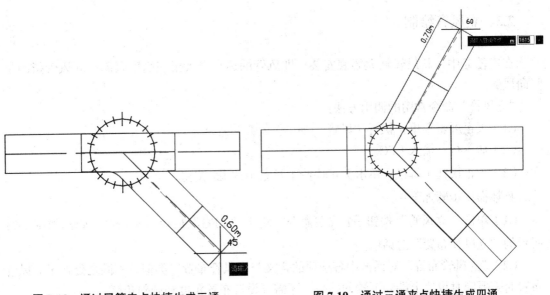

图 7-18　通过风管夹点快捷生成三通　　　　图 7-19　通过三通夹点快捷生成四通

📖 课堂练习

如图 7-20 所示，完成布置三通连接练习。其中，风管尺寸随着风量减少而减小，到风管末端，风管分为若干段，尺寸均为 500 mm×250 mm。

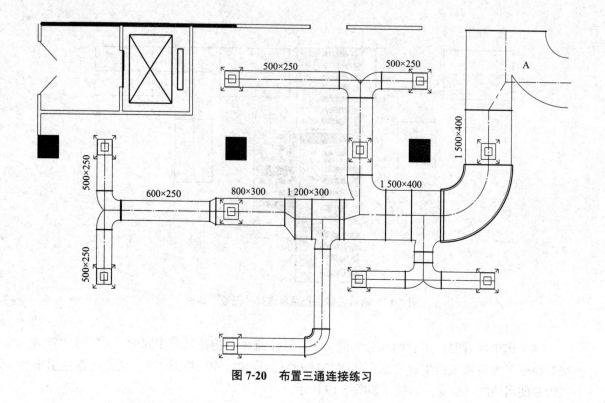

图 7-20　布置三通连接练习

2.3　立风管绘制

在本任务中，新风管贴大梁底安装，即风管的标高受大梁底高度限制。立风管指的是竖向风管。

"立风管"命令常用的调用方法：

（1）天正屏幕菜单：执行"风管"→"立风管"命令。

（2）命令行：输入 LFG。

（3）天正快捷工具条：单击天正快捷工具条中的 ☒ 按钮。

具体操作步骤如下：

（1）单击"立风管"按钮 ☒ 或在命令行输入"LFG"后执行本命令，弹出如图 7-21 所示的"立风管布置"对话框。

（2）"立风管布置"对话框中各选项的含义与"风管布置"类似，不同之处在于立风管布置时需要同时设置上端和下端的标高，还需要设置布置角度和倾斜角度。

（3）在绘制管线和布置立风管时，可以先不用确定管径和标高的数值，而采用默认的管径和标高。

（4）要对添加的立风管进行修改，则只需双击所要修改的立风管，在打开的"立风管编辑"对话框中修改其实体和绘制属性值即可。

（5）布置立风管后，可单击中间位置"+"夹点，拖拽引出风管并使当前立风管与水平风管通过弯头连接，或在风管菜单下找到"风管绘制"，将鼠标光标放在立风管区域，用鼠标左键任意点取一点即可拖拽引出风管，如图 7-22 所示。但此时务必设定风管中心线标高，以匹配立风管的上端和下端连接口的高度。

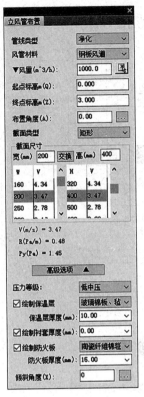

图 7-21 "立风管布置"对话框

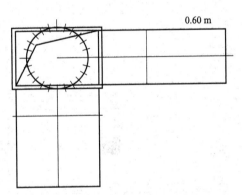

图 7-22 从立风管上引出风管管线

📖 **课堂练习**

单击快捷工具条中"三维观察"按钮 👁，从三维角度动态观察风管立体效果，如图 7-23 所示。

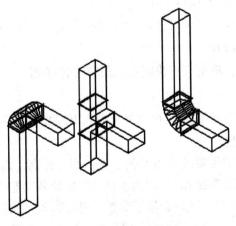

图 7-23 立风管三维示意

2.4 布置风口

在本任务中，需在风管上进行风口布置，如图 7-24 所示。

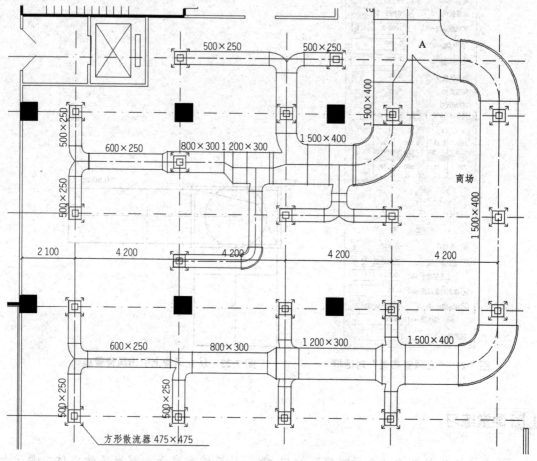

图 7-24 风管上布置风口

"布置风口"命令常用的调用方法如下：

（1）天正屏幕菜单：执行"风管设备"→"布置风口"命令；

（2）命令行：输入 BZFK；

（3）天正快捷工具条：单击天正快捷工具条中的 ⊞ 按钮。

操作步骤如下：

（1）单击"布置风口"按钮 ⊞ 或在命令行输入 BZFK 后，执行本命令，弹出如图 7-25 所示的"布置风口"对话框。

（2）在"基本信息"中可更改设备的长、宽、高、标高、角度等信息，单击对话框中的图片弹出风口图库，如图 7-26 所示。"基本信息"模块各功能说明如下：

1）"风速演算"根据风量和风口数量等参数，可计算风口风量和风速等；

2）"布置方式"提供了任意、沿直线、沿弧线、矩形、菱形等布置方式，如选中"沿直

212

线"布置时，可以选择"沿风管"布置，则可以直接在风管上进行风口的布置，如图 7-27 所示。

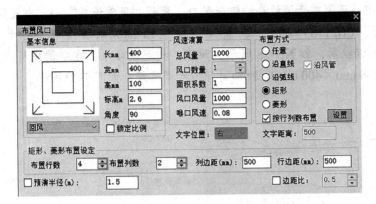

图 7-25 "布置风口"对话框

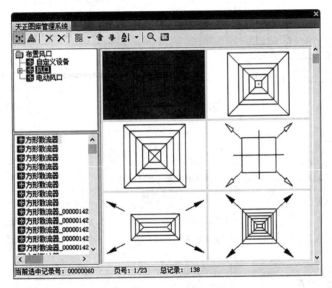

图 7-26 风口图库

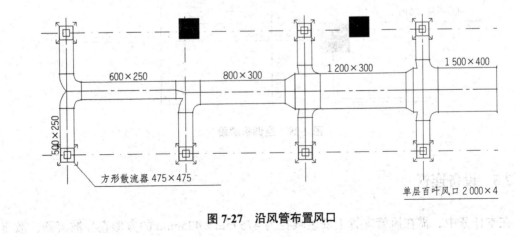

图 7-27 沿风管布置风口

在本任务中，还需在新风机房绘制新风口。执行"风管设备"→"布置风口"（BZFK）与"布置阀门"（BZFM）命令，在新风机房里添加防水百叶窗（尺寸为 1 000 mm × 400 mm），附加钢丝网，如图 7-28 所示。同理，利用该命令，在空调机房内添加防水百叶窗（尺寸为 1 800 mm × 400 mm），附加对开多叶调节阀，如图 7-29 所示。

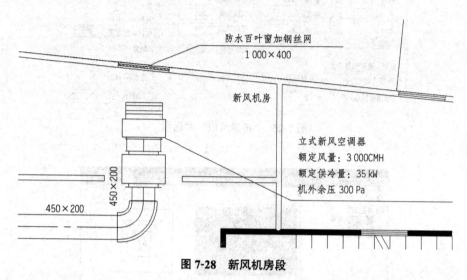

防水百叶窗加钢丝网
1 000 × 400

新风机房

立式新风空调器
额定风量：3 000CMH
额定供冷量：35 kW
机外余压 300 Pa

450 × 200
450 × 200

图 7-28　新风机房段

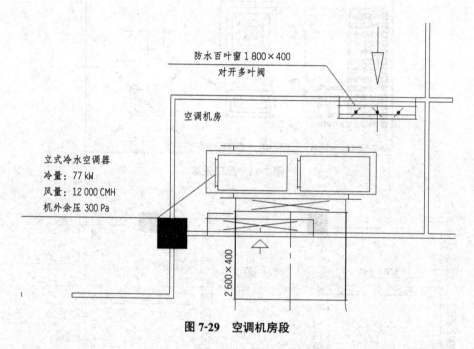

防水百叶窗 1 800 × 400
对开多叶阀

空调机房

立式冷水空调器
冷量：77 kW
风量：12 000 CMH
机外余压 300 Pa

2 600 × 400

图 7-29　空调机房段

2.5　设备连管

在本任务中，需在风管支管上安装喉径为 475 mm × 475 mm 的方形直片散流器，散流器间距标注为 4 200 mm；到风管末端，风管分为两段，尺寸均为 500 mm × 250 mm，并安装上间距为 4 200 mm 的方形直片散流器，方形直片散流器喉径为 475 mm × 475 mm。可以通过以下两种方式快速绘制风管支管上的散流器：

（1）先画风管，再在风管上布置风口（散流器）；

（2）先画风口（散流器），再使用"设备连管"连接风管和风口。

第一种作图法是基于风管绘制阶段结束后逐一在风管上布置风口，过程较为烦琐；第二种作图法可以有效利用"布置风口"的"矩形"布置方式，设定风口布置间距，按行列分布形成网格状分布的风口。

设备连管是实现风管与风口自动连接的功能。风口与风管可通过"设备连管"命令进行自动连接。在天正暖通中，风管的连接有弯头连接、变径连接、三通连接、四通连接、乙字弯连接、天圆地方连接等多种方式，其功能操作与风管管线中管线的修改方法基本相似，选择"风管"及相应的连接命令菜单，再根据命令行的提示信息选择要连接的风管即可将风管按选择的方式连接在一起。部分连接方式已经在模块 6 中介绍过，这里不再赘述，本小节重点讲述设备连管操作。

"设备连管"命令常用的调用方法如下：

（1）天正屏幕菜单：执行"风管设备"→"设备连管"命令；

（2）命令行：输入 SBLG；

（3）天正快捷工具条：单击天正快捷工具条中的 按钮。

第一种作图法操作步骤如下：

（1）单击"设备连管"按钮，激活命令，如图 7-30 所示。

（2）软件自动计算主风管与风口标高之差，同时绘制竖风管、弯头等局部构件，将风管与风口连接；连接风管尺寸的三种确定方式为"由设备决定""输入值""原风管值"等。风口等设备图块，都会有默认的接口尺寸，选择"由设备决定"，连接时将按照这个尺寸进行连接。

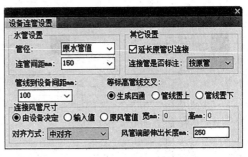

图 7-30 "设备连管设置"对话框

（3）风管与风口连接时，软件自动生成的支风管尺寸可选择随主风管尺寸、随风口尺寸或手动指定尺寸，同时软件自动生成不同尺寸风管间的局部构件，如图 7-31 所示。

下面介绍利用第二种作图法绘制。

操作步骤如下：

（1）执行"建筑"→"绘制轴网"（HZZW） 命令，根据图 7-3 空调风管平面图对风口的布置要求，绘制不等间距的轴网，用于方形直片散流器的定位，如图 7-32 所示；

（2）执行"风管设备"→"布置风口"（BZFK） 命令，在图面上进行风口布置，喉径为 475 mm × 475 mm；

（3）通过命令交汇，风口与风管可通过"设备连管"（SBLG） 命令实现风口与风管、设备与管线的自动连接，如图 7-33 所示。

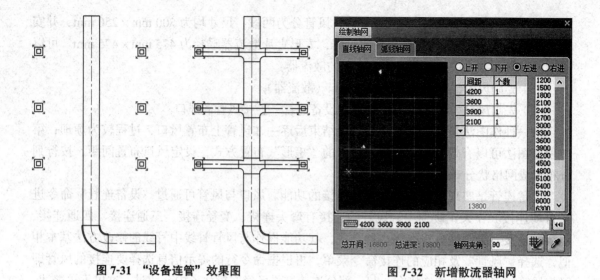

| 图 7-31 "设备连管"效果图 | 图 7-32 新增散流器轴网 |

图 7-33 送风风管段风管与风口的连接

如图 7-34 所示，使用"矩形"布置方式，完成风口布置，并执行"设备连管"命令生成风管。

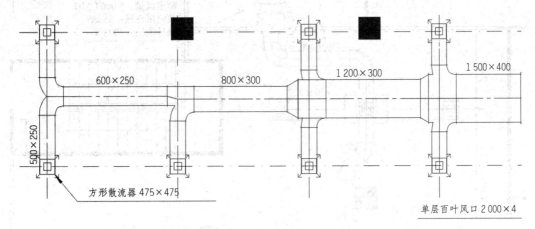

图 7-34 风口的"矩形"布置方式

2.6 布置设备

在本任务中，需要布置新风机、静压箱、风机盘管等空调设备，如图 7-35 所示。

"布置设备"命令常用的调用方法如下：

（1）天正屏幕菜单：执行"空调水路 / 风管设备"→"布置设备"命令；

（2）命令行：输入 BZSB；

（3）天正快捷工具条：单击天正快捷工具条中的 按钮。

操作步骤如下：

（1）激活"布置设备"命令，打开"设备布置"对话框；

（2）在"设备布置"对话框中选择"风机盘管"，单击预览框，可弹出"天正图库管理系统"对话框来选择风机盘管型号；

（3）设置好风机盘管的参数后，在绘图区域的相应轴线位置单击，即可在轴线上添加风机盘管；

（4）在设备布置前，需要确定好设备布置在哪个系统的图层上，这关系到后期图层管理；还需要设定尺寸参数，调整长度、宽度、高度、标高、角度等。

（5）同理，可以提前设置定位轴网，执行"布置风口"与"设备连管"等命令，快速布置风管与设备的连接。

提示： 当"布置设备"设备类型为风机盘管，对话框最下方增加了一个"风机盘管加风管设置"的复选框，如图 7-36 所示。如默认不勾选，则绘制的风机盘管只有设备本身；如勾选该复选框，可提供"送、回风管长度设置""送、回风口设置""变径设置"等参数，可快捷地进行风盘加风管的绘制。绘制后的风机盘管加风管段效果如图 7-37 所示。

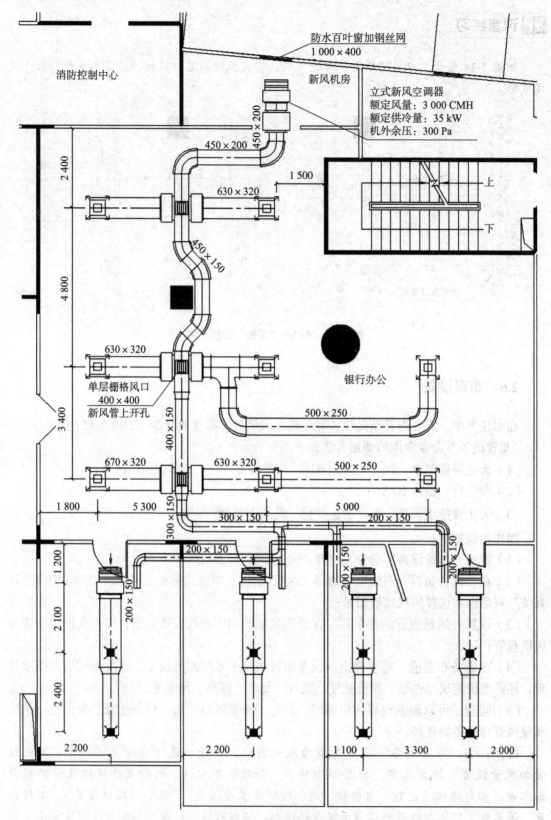

防水百叶窗加钢丝网
1 000 × 400

消防控制中心

新风机房

立式新风空调器
额定风量：3 000 CMH
额定供冷量：35 kW
机外余压：300 Pa

450 × 200

450 × 200

450 × 200

630 × 320

1 500

上

下

2 400

4 800

450 × 150

630 × 320

银行办公

单层栅格风口
400 × 400
新风管上开孔

400 × 150

500 × 250

3 400

670 × 320

630 × 320

500 × 250

1 800

5 300

300 × 150

300 × 150

5 000

200 × 150

200 × 150

200 × 150

1 200

200 × 150

200 × 150

2 100

2 400

2 200

2 200

1 100

3 300

2 000

图 7-35　空调 – 水系统段

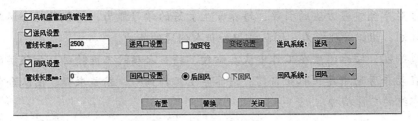

图 7-36 "风机盘管加风管设置"对话框

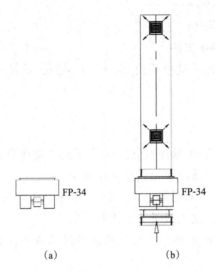

(a)　　　　　　　　(b)

图 7-37 勾选"风机盘管加风管设置"的前后对比

(a) 不勾选；(b) 勾选

课堂练习

如图 7-35 所示，利用"风机盘管加风管设置"生成带风管的风机盘管。

任务 3　绘制空调水系统平面图

任务目标

本任务介绍使用天正暖通软件绘制建筑暖通系统平面图的水系统部分。

素质目标

1. 通过对建筑平面图的绘制，能够读懂并绘制简单的暖通水系统平面图，培养学生举一反三的自学能力、对问题的独立思考和分析能力。

2. 通过对学生学习方法的引导，培养学生良好的学习能力，知识的综合运用能力，团队协作、计划、组织管理能力，团队意识和与人沟通的能力。

3. 通过绘图，培养学生在工作中认真细致、精益求精的工匠精神；加强实践训练，可以让学生在动手劳动中建立职业自信。培养学生工作细心、精益求精、团队合作、吃苦耐劳、遵章守纪的工作精神。

任务准备

1. 安装 AutoCAD 2020 软件。

2. 安装天正暖通 T20 V8.0 软件。

3. 本任务以"某建筑暖通系统平面图 .dwg"为样版，请提前下载该文件。

任务组织

1. 五人一组，其中一名学生担任组长。课前下载"某建筑暖通系统平面图 .dwg"。以小组为单位，识读某建筑暖通系统平面图水系统部分。

2. 学生先独立完成任务内例图的绘制。绘图过程中遇到问题，小组内成员互相帮助，解决问题。完成例图绘制后，组内成员互相点评。

3. 部分命令的操作方法较为相似，可以结合讲解的命令，尝试使用类似的命令完成课堂练习。

4. 每组完成后，教师对各组进行点评和补充。

5. 完成课后练习。

空调水系统即空调以水为冷媒，将室内负荷全部由冷热水机组来承担，各房间风机盘管通过管道与冷热水机组相连，靠所提供的冷热水来供冷和供热。

空调系统主要由冷（热）水机组、冷热水与冷凝水系统、冷却水系统、空气处理设备、空调风系统组成。在空调的水系统中，主要设备是水管系统及循环水泵，还包括各种附件，如压力表、温度计、阀门、过滤器、排气阀、膨胀水箱及补水系统等。

3.1 绘制水管

在本任务中，利用天正暖通的相关功能绘制如图 7-4 所示的空调水管平面图。

"水管管线"命令常用的调用方法如下：

（1）天正屏幕菜单：执行"空调水路"→"水管管线"命令；

（2）命令行：输入 SGGX；

（3）天正快捷工具条：单击天正快捷工具条中的 📐 按钮。

操作步骤如下：

（1）为避免过多的线条干扰，可单击"图库图层"→"图层控制"（TCKZ）按钮 📐，单击各个系统名称之前的 💡，可实现图层的关闭和打开，如图 7-38 所示。

（2）关闭指定对象所在的图层后，沿水的流向，使用"水管管线"（SGGX）、"多管绘制"（DGHZ）、"水管立管"（SGLG）等命令，在平面图中绘制空调水管管线。上述命令的操作与模块6类似，在此不再赘述具体操作流程。

（3）在天正暖通"空调水路"菜单中，包含水管管线、多管绘制、水管立管、水管阀件、布置设备等各子菜单，可以快捷绘制空调水路管路系统及其附件。使用"水管管线"（SGGX）命令布置空调水路管线、分区管线。布置管线时，界面底部会根据选定的管径及材质进行流速、比摩阻和沿程阻力的计算，如图7-39所示。

图7-38 "图层控制"菜单栏

图7-39 "空水管线"对话框

（4）使用"多管绘制"（DGHZ）命令可以同时绘制多条空调水路管线，可识别管线类型，自由设定管间距，实现快速绘制。布置界面支持设定管线类型、管径、标高、管线间距，如图7-40所示。

图7-40 "多管线绘制"对话框

221

（5）使用"水管立管"（SGLG） 命令可在图中或管线上插入水管立管、分区立管，支持沿墙布置、墙角布置、任意布置。布置立管时可输入流量，界面底部会根据选定的管径及材质进行流速、比摩阻和沿程阻力的计算，如图 7-41 所示。图 7-4 中冷冻水从负一层制冷机组沿管井（轴号Ⓐ与轴号②交界处）的 CGL1-1 立管接入，引出冷冻水水管和回水水管，绘制后如图 7-42 所示。

（6）选择相应的管线，将每段管道引入立管或排水口。在菜单中选择"水管工具"的"修改管线"（XGGX）命令来修改管道线型，改变管线的图层、线型、颜色、线宽、管材、管径、遮挡级别和标高信息，使回水管或冷凝管的虚线或点画线变得可见（图 7-43）。右击管线并在弹出的快捷菜单中选择"断管符号"命令，再按命令行提示选择管道后，即可在管道口添加断管符号。

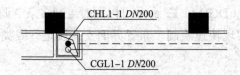

图 7-41 "空水立管"对话框　　　图 7-42 供水、回水立管管道　　　图 7-43 "修改管线"对话框

📖 课堂练习

1. 绘制空调水管干管。如图 7-44 所示，沿内墙边 1 000 mm 处布置水管干管，水管间隔为 200 mm。立式冷水空调器上的 $DN20$ 管道为空调的冷凝水管道。根据箭头指向，水流流向空调器的为冷冻水供水水管，冷冻水从空调器流出的为冷冻水回水水管。管径标注为"$DN200$"表示两根管径为 $DN200$ 的管道，即供水与回水管管径均为 $DN200$。

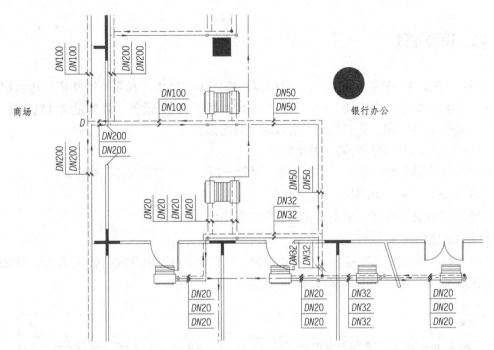

图7-44　绘制空调水管管线

2.绘制空调水管支管。如图7-44所示，在 D 处，由于冷冻水有一部分流向风机盘管系统，因此，供水和回水的管径均变为 DN100。到达第一组风机盘管后，分为上下两支 DN50 的水管，靠近水管支管的风机盘管连接的水支管为 DN32；末端的风机盘管连接的水支管为 DN20；所有风机盘管的冷凝水支管均为 DN20。

3.如图7-45所示，将供水、回水管路连接新风机房的冷水空调器，并将冷凝管就近排入卫生间地漏或新风机房地漏。回水从每个房间的风机盘管和新风机组经走廊回到回水管，各小房间的冷凝水就近排入地漏。新风机房的新风机组的冷凝水经管径 DN 20 的管道排入地漏（NGL-2 所处位置）。

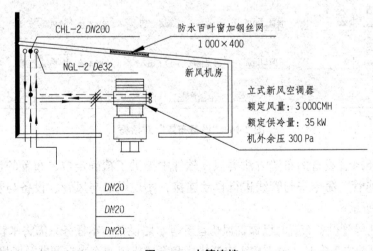

图7-45　水管连接

3.2 设备布置

空调水路设备一般指风机盘管、空调器、静压箱、风机、水泵、冷却塔、冷水机组、新风机、水机主机等。在本任务中，利用"空调水路""风管设备"菜单完成风机盘管、风机、冷却塔等各类空调设备与风管、水管布置与连接。

"布置设备"命令常用的调用方法如下：

（1）天正屏幕菜单：执行"空调水路 / 风管设备"→"布置设备"命令；

（2）命令行：输入 BZSB；

（3）天正快捷工具条：单击天正快捷工具条中的 ▨ 按钮。

操作步骤如下：

（1）激活"布置设备"命令。在菜单中执行"布置设备"命令或在命令行输入"BZSB"后会执行本命令，弹出如图 7-46 所示的"设备布置"对话框。

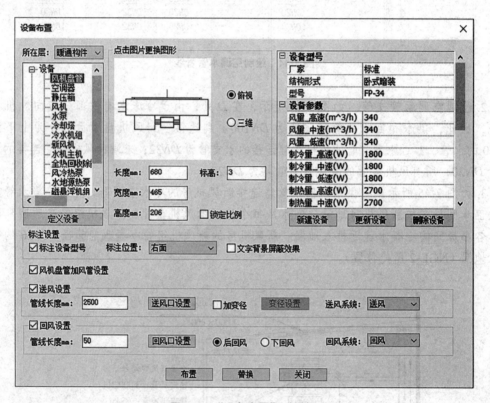

图 7-46 "设备布置"对话框

（2）与各类风管设备的布置方法类似，软件中提供了精确定位，布置的设备可通过前文所述"设备连管"命令来与管线进行自动连接，实现风口与风管、设备与管线的自动连接，如图 7-47 所示。

（3）由于在风管设备布置时已添加风机盘管等水路设备，本任务只需将水管沿隔墙布局，主冷水干管于风管之下安装，分别接入空调机房和新风机组的冷水空调器及风机盘管即可。

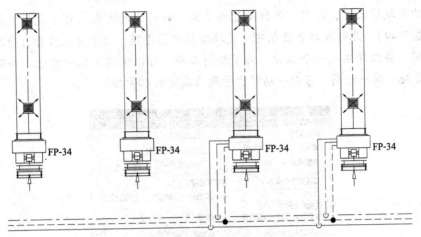

图 7-47　空调水管与风机盘管的连接前后对比

📖 课堂练习

完成空调–水系统一侧的风机盘管设备布置。

3.3　设备连管

在本任务中，如图 7-48 所示，完成供水、回水和冷凝水水管与风机盘管的快速连接。

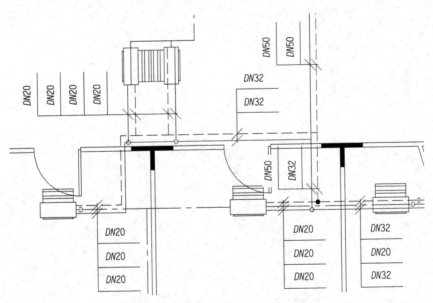

图 7-48　水管与风机盘管的快速连接

"设备连管"命令可实现水管与风机盘管、水管与空调器等之间的连接，具体的调用命令及操作步骤可见本模块"2.5 设备连管"部分的操作步骤。

注意事项：需要在"设备连管设置"对话框内"水管设置"选项组设置好设备与风管

管线之间的连接管尺寸，设置"等标高管线交叉"时的处理方式，可生成四通或管线置上或置下（图7-49）。此时连接管段相对于直接绘制水管连接，由于风机盘管自身的高度差导致标高不同，会额外生成一个立管，为了绘图正确，可以保留生成的立管。如为了表明该设备与支管处于同一标高，可以手动将立管删除或更改水管标高。

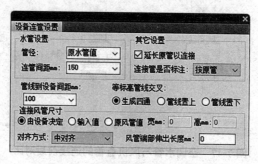

图7-49 "设备连管设置"对话框

📖 课堂练习

如图7-48所示，完成供水、回水和冷凝水水管与风机盘管的快速连接。

模块 8
用天正电气绘制电气施工图

T20 天正电气 V8.0 是一款智能化的电气设计软件。该软件在专业功能上实现了功能规范性、系统性与操作灵活性的完美结合，最大限度地贴近工程设计。T20 天正电气 V8.0 不仅适用于民用建筑电气设计，也适用于工业电气设计。T20 天正电气 V8.0 运行的操作系统环境和支持的 AutoCAD 平台与 T20 天正给排水 V8.0 一致，其兼容性、操作方法等也与天正给排水 V8.0 相似，这里不再赘述。

任务 1   绘制插座平面图

任务目标

本任务介绍如何使用天正电气软件绘制插座平面图。

素质目标

1. 通过对插座平面图的绘制，能够读懂简单的插座平面图。
2. 培养学生举一反三的自学能力。
3. 通过对学生学习方法的引导，培养学生良好的学习能力。

任务准备

1. 安装 AutoCAD 软件和 T20 天正电气 V8.0。
2. 本任务以"某小学二层平面图 .dwg"为建筑条件图，提前下载该文件。

任务组织

1. 五人一组，其中一名学生担任组长。课前下载"某小学二层平面图 .dwg"。以小组为单位，识读图 8-1"某小学二层插座平面图"。

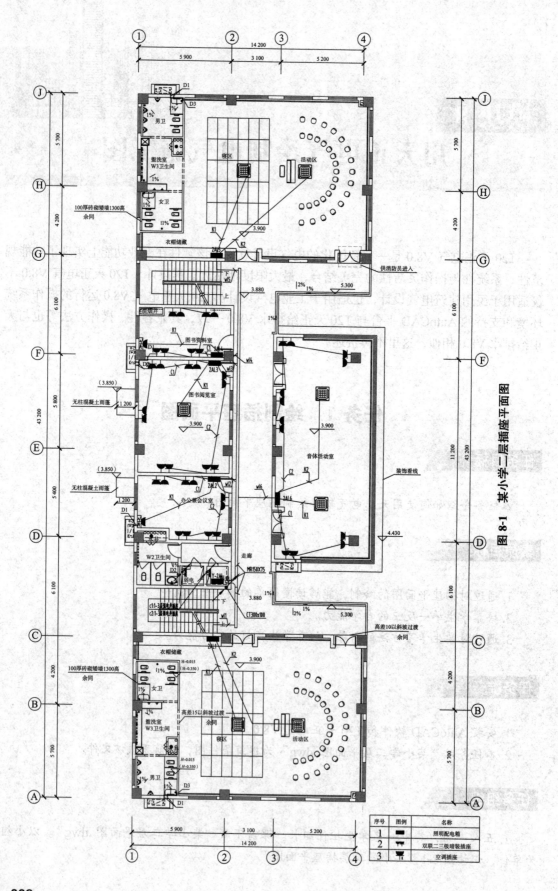

图 8-1 某小学二层插座平面图

序号	图例	名称
1	▬	照明配电箱
2	⊻	双联三极暗装插座
3	⊽	空调插座

2.学生先独立完成任务内例图的绘制。绘图过程中如碰到问题，由组内互助解决。例图绘制完成后，组内成员互相点评。

3.可基于讲解的命令，尝试使用类似的命令完成课堂练习。

4.每组完成后，由教师对各组作点评和补充。

5.完成课后练习。

1.1 初始设置

在初次使用 T20 天正电气 V8.0 时，对其进行自定义设置，可以使软件更贴合用户的使用习惯，从而提高绘图效率。执行初始设置功能时，可以设置图形尺寸，导线粗细，文字字型、字高和宽高比等初始信息。

执行天正菜单"设置"→"初始设置"命令，打开"选项"对话框，单击"电气设定"标签，如图 8-2 所示。对话框中各项目说明如下：

（1）"平面图设置"：设置图中插入设备图块的各项参数。

（2）"平面导线设置"：设置导线的宽度、颜色等。单击"平面导线设置"按钮，可以对平面导线的参数进行设置。

（3）"系统图设置"：设置系统图绘制的各项属性。

（4）"桥架系统设置"：设置桥架系统参数。

（5）"标导线数"：栏中的两个互锁按钮用于选择导线数表示的符号式样。这主要是对于三根及以下导线的情况而言的，可以用三条斜线表示三根导线，也可以用标注的数字来表示。

（6）"标注文字"：可以设置电气标注文字的样式、字高、宽高比。

参数设置完成后，单击"确定"按钮关闭"选项"对话框，即可应用新设置来进行绘图。

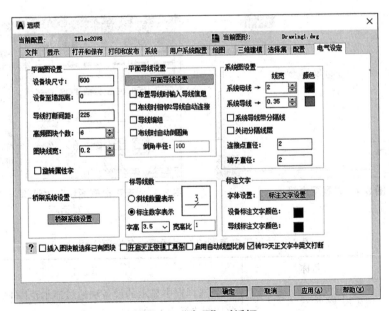

图 8-2 "选项"对话框

1. 勾选"开启天正快捷工具条"选项，显示天正快捷工具条，如图8-3所示。

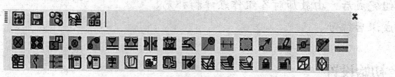

图8-3　天正快捷工具条

2. 调整"平面图设置"里"设备块尺寸"里的数值后，单击"确定"按钮并关闭对话框。使用"任意布置"命令（具体操作参见本模块"1.2　任意布置"）布置电气设备图块，观察图块大小的变化。

1.2　任意布置

使用"任意布置"命令在办公兼会议室内布置配电箱，如图8-4所示。

"任意布置"命令功能：在平面图中绘制各种电气设备图块。

常用的调用方法如下：

（1）天正屏幕菜单：执行"平面设备"→"任意布置"命令。

（2）命令行：输入 RYBZ。

（3）天正快捷工具条：单击天正快捷工具条中的按钮。

激活命令后，弹出图8-5所示的对话框。当鼠标光标移到图块设备上时，"天正电气图块"对话框的下方提示栏中显示该图块设备的名称，单击对话框中所需图块就可以选定该图块。"天正电气图块"对话框中各选项说明见表8-1。

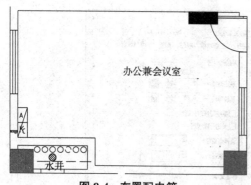

图8-4　布置配电箱

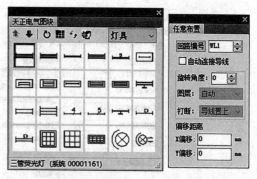

图8-5　"天正电气图块"对话框与"任意布置"对话框

表8-1　"天正电气图块"对话框中各选项说明

图例	名称	说明
⬆	向上翻页	当选择框中显示的设备块超过显示范围时可以通过单击此按钮进行向上的翻页

图例	名称	说明
↓	向下翻页	当选择框中显示的设备块超过显示范围时可以通过单击此按钮进行向下的翻页
↻	旋转	图块将以绘制点为中心进行旋转预演，当达到用户需要的角度，单击左键即可以该角度绘制设备，如果单击右键则按图块水平绘制
⊞	布局	可以按照需要进行图块显示的行列布置
⤢	交换位置	用于调整设备块在图库中的显示位置
🔖	加入常用	将设备块加入"常用"菜单
灯具 ⌄	设备选择下拉菜单	在下拉列表选择需要插入设备的图块。不同分组的设备图块，除"开关"和"灯具"在同一图层外，其余图块绘制后将在不同的图层
☐自动连接导线	自动连接导线（"任意布置"对话框）	勾选此选项，可以实现边布置边连接导线的功能

布置配电箱 2AL2 的操作步骤如下：

（1）打开"某小学二层平面图.dwg"，执行"任意布置"命令。

（2）在"天正电气图块"对话框的设备选择下拉列表中选择"箱柜"→"照明配电箱"。

（3）命令行提示：

> 请指定设备的插入点 { 转 90（A）/ 旋转属性字（R）/ 放大（E）/ 缩小（D）/ 左右翻转（F）/ X 轴偏移（X）/Y 轴偏移（Y）/ 设备类别（上一个 W/ 下一个 S）/ 设备翻页（前页 P/ 后页 N）/ 直插（Z）}< 退出 >：A（输入 A 两次，将配电箱转 180°，如图 8-6 所示）
>
> 请指定设备的插入点 { 转 90（A）/ 旋转属性字（R）/ 放大（E）/ 缩小（D）/ 左右翻转（F）/ X 轴偏移（X）/Y 轴偏移（Y）/ 设备类别（上一个 W/ 下一个 S）/ 设备翻页（前页 P/ 后页 N）/ 直插（Z）}< 退出 >：（单击左键放置配电箱，再单击右键表示结束）

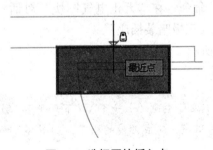

图 8-6　选择图块插入点

📖 课堂练习

参考图 8-1，完成所有配电箱的布置。

1.3 沿墙均布与设备移动

使用"沿墙均布"命令在办公兼会议室内均布两个双联二三极暗装插座，使用"设备移动"命令对插座位置进行调整，如图8-7所示。

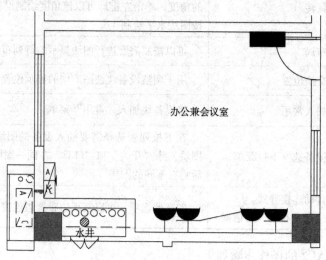

办公兼会议室

水井

图8-7 布置插座

"沿墙均布"命令功能：在平面图中沿一墙线均匀布置电气设备图块，图块的插入角度按照墙线的方向而定。

常用的调用方法如下：

（1）天正屏幕菜单：执行"平面设备"→"沿墙均布"命令。

（2）命令行：输入 YQJB。

（3）天正快捷工具条：单击天正快捷工具条中的 按钮。

布置插座的操作步骤如下。

（1）执行"沿墙均布"命令，在"天正电气图块"对话框中选择"插座"→"双联二三极暗装插座"。

（2）相关参数如图8-8所示。

（3）命令行提示：

回路编号可以删除

图8-8 沿墙均布参数设置

请拾取布置设备的墙线 { 设备类别（上一个 W/ 下一个 S）/ 设备翻页（前页 P/ 后页 N）} <退出>（单击要插入设备的墙线，完成插座的均布，如图8-9所示）

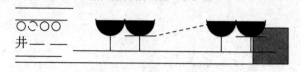

井

图8-9 沿墙均布插座

如图 8-9 所示，插座与柱子有部分重叠，所以需要使用"设备移动"命令调整插座的位置。"设备移动"命令功能：移动图中的电气设备图块。

常用的调用方法如下：

（1）天正屏幕菜单：执行"平面设备"→"设备移动"命令。

（2）命令行：输入 SBYD。

移动插座的操作步骤如下。

（1）执行"设备移动"命令，选择需要移动的插座，如图 8-10 所示。

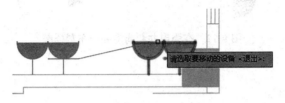

图 8-10　选择需要移动的插座

（2）命令行提示：

点取位置或 ［转 90 度（A）/ 左右翻（S）/ 上下翻（D）/ 对齐（F）/ 改转角（R）/ 改基点（T）］ < 退出 >：（将设备移动到合适的位置）

📖 课堂练习

1. 使用"沿墙均布"命令，在办公兼会议室内均布两个双联二三极暗装插座，如图 8-11 所示。

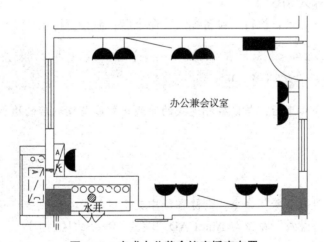

图 8-11　完成办公兼会议室插座布置

2. 学习使用"沿线单布"或者"沿墙布置"命令，在办公兼会议室内布置空调插座与一个双联二三极暗装插座，如图 8-11 所示。

3. 学习使用"沿墙布置"命令，分别在强电井和弱电井内布置一个双联二三极暗装插座，如图 8-12 所示。

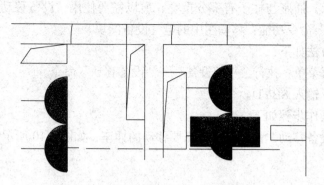

图 8-12   在强电井和弱电井内布置插座

1.4   设备缩放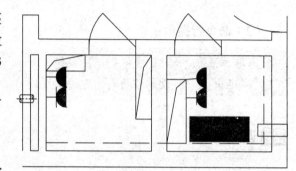

从图 8-12 中可以看到，强电井内插座和配电箱有部分重叠，因此可以使用"设备缩放"命令将插座缩小 0.5 倍，如图 8-13 所示。

"设备缩放"命令功能：改变图纸已有设备的大小。

常用的调用方法如下：

（1）天正屏幕菜单：执行"平面设备"→"设备缩放"命令。

图 8-13   缩小插座

（2）命令行：输入 SBSF。

缩小插座的操作如下：执行"设备缩放"命令后，命令行提示：

> 请选取要缩放的设备 <缩放所有同名设备>：（选择强、弱电井内的插座，按右键确定）
> 请输入缩放比例 <1>0.5（缩小 0.5 倍）

注意事项：命令结束后，与设备相连接的导线仍然能与缩放后的块相连。

📖 课堂练习

1. 学习使用"设备擦除"命令，删除图纸中某个电气设备图块。
2. 请比较"设备缩放"命令与 AutoCAD"缩放"命令的区别。

1.5   平面布线

参考图 8-1，使用"平面布线"命令，对图 8-11 的 C1 回路进行导线连接，如图 8-14 所示。

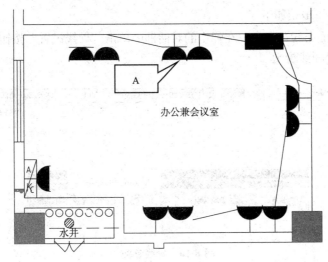

图 8-14 平面布线

"平面布线"命令功能：在平面图中绘制导线连接各设备元件。该命令中的"智能直连"连接多个设备时，只需要点取起始设备，再点取最后一个设备，则这两个设备所在的直线上或附近的设备就会自动连接。选取设备图块一般只需要点取一次，而且在这个图块的任意位置可以随便点取，T20 天正电气 V8.0 将按照"最近点连线"原则，自动捕捉到设备图块的接线点位置。

"平面布线"命令常用的调用方法如下：

（1）天正屏幕菜单：执行"导线"→"平面布线"命令。

（2）命令行：输入 PMBX。

（3）天正屏幕快捷工具条：单击天正快捷工具条中的 按钮。

执行"平面布线"命令后，弹出"设置当前导线信息"对话框，如图 8-15 所示。学生可以在该对话框内设置导线信息。各选项说明见表 8-2。

图 8-15 "设置当前导线信息"对话框

表 8-2 "设置当前导线信息"对话框选项说明

图例	说明
WIRE-照明 ∨	通过下拉菜单可以设定导线的图层
回路编号 wl1 ▲▼	设定导线的回路编号
导线置上 ∨	绘制的导线如果与其他导线交叉时，可以设定该导线相对于相交导线的位置
智能直连 ∨	选择设备之间的连线方式。如果对"智能直连"不满意的话，可以在下拉菜单中选择"自由连线"选项
导线设置>	激活"平面导线设置"对话框设定导线的参数

平面布线的操作步骤如下。

（1）执行"平面布线"命令，在弹出的对话框中单击"导线设置"按钮，参考图 8-16（a）和图 8-16（b）设置导线参数。

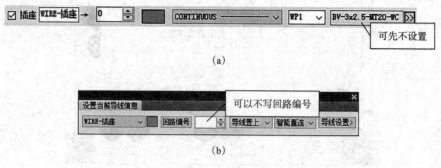

（a）

（b）

图 8-16　导线参数

（a）设置"WIRE–插座"参数；（b）"设置当前导线信息"对话框

（2）命令行提示：

请点取导线的起始点 { 弧段（A）/ 导线类型（上一个 W/ 下一个 S）/ 导线（置上 / 置下 / 不断）(D) / 连接方式（智能 / 自由 / 垂直）(F) }< 退出 >：（单击图 8-14 所示的 A 插座）

直段下一点 { 弧段（A）/ 导线类型（上一个 W/ 下一个 S）/ 选取行向线（G）/ 导线（置上 / 置下 / 不断）(D) / 连接方式（智能 / 自由 / 垂直）(F) / 回退（U）}< 结束 >：（先单击照明配电箱，再单击鼠标右键，表示结束）

📖 课堂练习

1. 参考图 8-1，完成办公兼会议室 C2、K1 回路的平面布线，如图 8-17 所示。

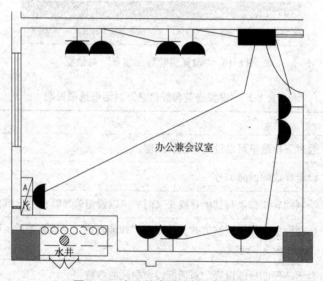

图 8-17　办公兼会议室的平面布线

2.学习使用"插入引线"命令绘制强、弱电井内的引线,引线的尺寸可自行定义,如图 8-18 所示。

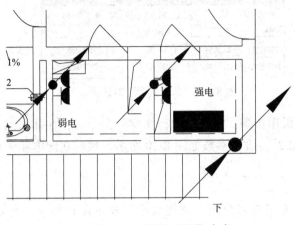

图 8-18　"插入引线"命令

1.6　单行文字 字

使用"单行文字"命令,标注 2AL2 照明配电箱,如图 8-19 所示。

"单行文字"命令功能:使用天正文字样式输入单行文字。

常用的调用方法如下:

(1)天正屏幕菜单:执行"文字"→"单行文字"命令。

(2)命令行:输入 TTEXT。

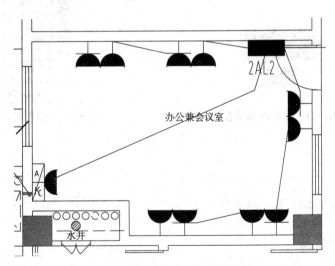

图 8-19　标注 2AL2 照明配电箱

(3)天正快捷工具条:单击天正快捷工具条中的 字 按钮。

执行"单行文字"命令后,弹出"单行文字"对话框,如图 8-20 所示。

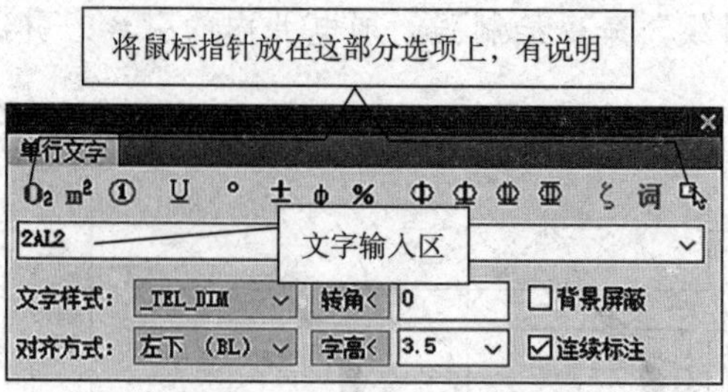

将鼠标指针放在这部分选项上，有说明

图 8-20 "单行文字"对话框

标注配电箱名字的操作步骤：执行"单行文字"命令后，在弹出的"单行文字"对话框文字输入区输入"2AL2"，设置参数如图 8-20 所示，然后在配电箱旁放置文字，完成配电箱的标注。

注意事项：

（1）考虑到其他配电箱可以使用"递增文字"命令进行标注，所以这里不推荐使用"标注设备"命令标注配电箱。

（2）如果想对文字进行编辑，可以采用以下的方法：

1）双击文字，进入在位编辑状态。在文本框中输入文字，按 Enter 键即可完成对文字的修改，如图 8-21 所示。

2）先选择文字，单击鼠标右键，在弹出的快捷菜单中选择"文字编辑"，如图 8-22 所示。弹出"单行文字"对话框，在该对话框中修改文字参数，单击"确定"按钮即可完成编辑。

图 8-21 在位编辑状态

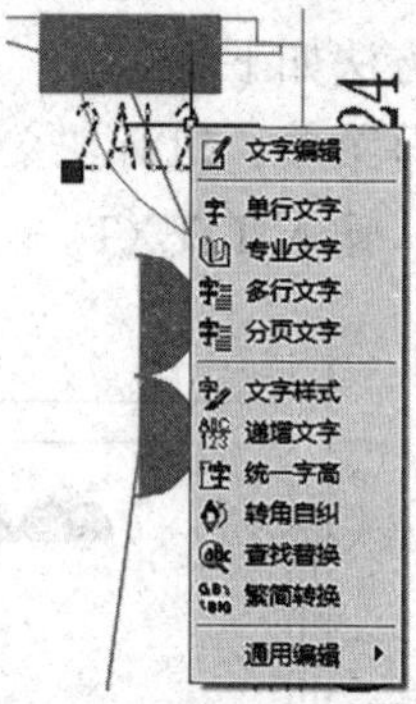

图 8-22 选择选项

📖 **课堂练习**

完成强电井内 Y-2AL 配电箱的标注。

1.7 递增文字

参考图 8-1，使用"递增文字"命令标注配电箱 2AL3 ～ 2AL6。图 8-23 所示为部分递增文字的结果。

"递增文字"命令功能：根据实际需要拾取文字标注中的相应字符，以该字符为参照进行"递增"或"递减"。

常用的调用方法如下。

（1）天正屏幕菜单：执行"文字"→"递增文字"命令。

（2）命令行：输入 DZWZ。

执行"递增文字"命令后，弹出"递增文字"对话框，如图 8-24 所示。

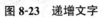

图 8-23　递增文字　　　　　　　图 8-24　"递增文字"对话框

递增文字的操作步骤如下：

（1）执行"递增文字"命令后，弹出"递增文字"对话框，该对话框设置如图 8-24 所示。

（2）命令行提示：

请选择要递增拷贝的文字（注：同时按 Ctrl 键进行递减拷贝，仅对单个选中字符进行操作）＜退出＞:（选择图 8-25 所示框中数字"2"）

请指定基点:（选择图 8-25 所示十字光标的位置）

点取位置或［转 90 度（A）/左右翻（S）/上下翻（D）/对齐（F）/改转角（R）/改基点（T）］＜退出＞:＜正交开＞（依次选择各照明配电箱旁边的位置。依此类推，完成后再单击右键表示结束，完成标注）

图 8-25　选择文字

📖 课堂练习

使用"递增文字"命令标注配电箱 2AL1。

1.8　回路编号 🔲

参考图 8-1，使用"回路编号"命令标注办公兼会议室 C1 回路，如图 8-26 所示。

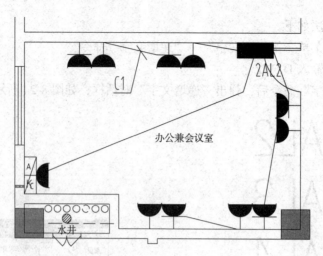

图 8-26　标注 C1 回路

"回路编号"命令功能：可以为线路和设备标注回路编号。

常用的调用方法如下：

（1）天正屏幕菜单：执行"标注统计"→"回路编号"命令。

（2）命令行：输入 HLBH。

执行"回路编号"命令后，弹出"回路编号"对话框，如图 8-27 所示。该对话框中的三种编号方式介绍见表 8-3。

图 8-27　"回路编号"对话框

表 8-3　"回路编号"对话框中的三种编号方式

名称	说明
自由标注	根据"回路编号"选项中的值，标注选中的导线
自动加一	以"回路编号"选项中的值为基数，创建一次标注，回路编号的值自动加一，实现递增标注
自动读取	不受"回路编号"选项值的影响，自动读取导线信息创建标注

标注回路编号的操作步骤如下：

（1）执行"回路编号"命令后，在"回路编号"对话框中的文字输入区输入"C1"。

（2）命令行提示：

请选取要标注的导线＜退出＞：（选择待标注的导线）

请给出文字线落点＜退出＞：（先指定点，再单击鼠标右键表示结束，完成标注）

课堂练习

参考图 8-1，使用"回路编号"命令标注办公兼会议室 C2 和 K1 回路，如图 8-28 所示。

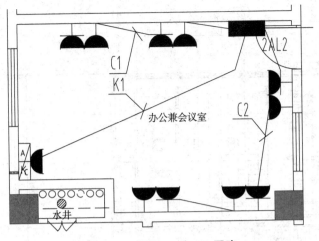

图 8-28　标注 C2 和 K1 回路

📖 课后练习

以"某小学二层平面图 .dwg"为建筑条件图，完成图 8-1 的绘制。

任务 2　绘制照明平面图

任务目标

本任务介绍如何使用 T20 天正电气 V8.0 绘制照明平面图。

素质目标

1. 通过对照明平面图的绘制，能够读懂简单的照明平面图。
2. 培养学生举一反三的自学能力。
3. 培养学生良好的学习能力和耐心细致、一丝不苟的工匠精神。

任务准备

1. 安装 AutoCAD 软件和 T20 天正电气 V8.0。
2. 删除"某小学二层平面图 .dwg"中的电缆桥架。
3. 在"某小学二层平面图 .dwg"中布置配电箱，并标注配电箱名字。

任务组织

1. 五人一组，其中一名学生担任组长。课前，下载"某小学二层平面图 .dwg"。以小组为单位，识读图 8-29"某小学二层照明平面图"。

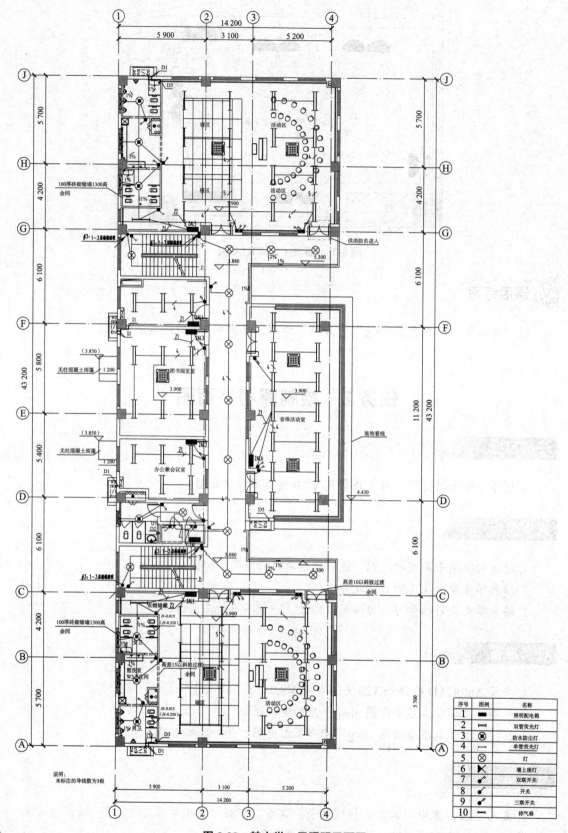

图 8-29　某小学二层照明平面图

242

2.由于有绘制插座平面图的基础,所以,部分命令学生可以先尝试自行使用,然后再由教师进行讲解。完成例图绘制后,组内成员互相点评。

3.每组完成后,教师对各组进行点评和补充。

4.综合应用天正电气软件,完成课后练习。

2.1 矩形布置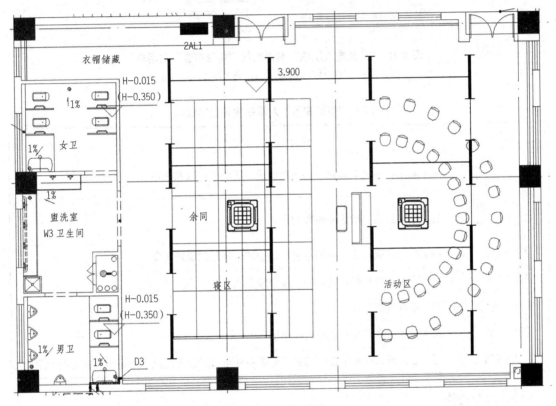

在活动区与寝区内布置 16 盏单管荧光灯,如图 8-30 所示。

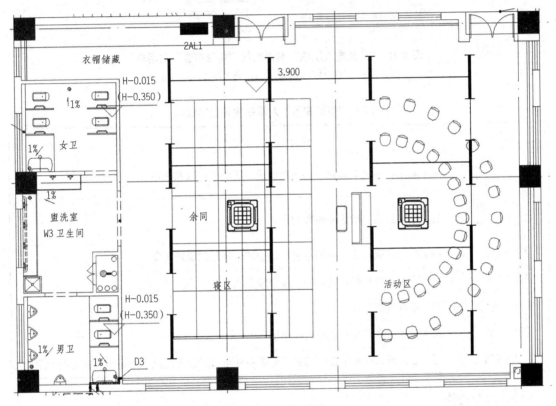

图 8-30 布置单管荧光灯

"矩形布置"命令功能:在平面图中拉出一个矩形框并在此框中绘制各种电气设备图块。

常用的调用方法如下:

(1)天正屏幕菜单:执行"平面设备"→"矩形布置"命令。

(2)命令行:输入 JXBZ。

(3)天正快捷工具条:单击天正快捷工具条中的 按钮。

执行上述命令后,弹出图 8-31 所示的对话框。"矩形布置"对话框中各选项说明见表 8-4。

矩形布置单管荧光灯的操作步骤如下:

(1)执行"矩形布置"命令。

（2）在"天正电气图块"对话框［图 8-31（a）］的设备选择下拉菜单中选择"灯具"→"单管荧光灯"。参考"矩形布置"对话框，设置相关参数［图 8-31（b）］。

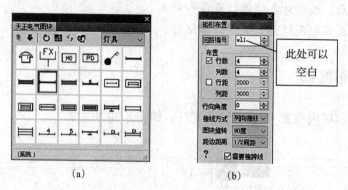

图 8-31 "天正电气图块"对话框与"矩形布置"对话框
(a)"天正电气图块"对话框；(b)"矩形布置"对话框

表 8-4 "矩形布置"对话框中各选项说明

名称		说明
布置	行数 列数	用于确定拉出的矩形框中要布置的设备图块的行数和列数
	行距 列距	通过编辑数据，确定要布置的数目
行向角度		用于输入或选择绘制矩形布置设备的整个矩形的旋转角度
接线方式		下拉菜单中选择设备之间的连接导线方式
需要接跨线		与"接线方式"配合
图块旋转		用于输入或选择待布置的选择角度
距边距离		用于输入或选择矩形设备的最外侧设备并与布置设备时框选的矩形选框边框的距离

（3）命令行提示：

请输入起始点 { 选取行向线（G）/ 设备类别（上一个 W/ 下一个 S）/ 设备翻页（前页 P/ 后页 N）}< 退出 >：(选择图 8-30 中的 *A* 点)

请输入终点：(选择图 8-30 中的 *B* 点)

请选取接跨线的行：(选择图 8-30 中的 *C* 点，再单击鼠标右键，表示结束)

📖 课堂练习

1. 参考图 8-29，使用"矩形布置"命令完成"衣帽储藏""女卫""盥洗室""男卫"的灯具布置，如图 8-32 所示。

2. 使用"平面布线"命令，修改活动区与寝区的导线，如图 8-32 所示。

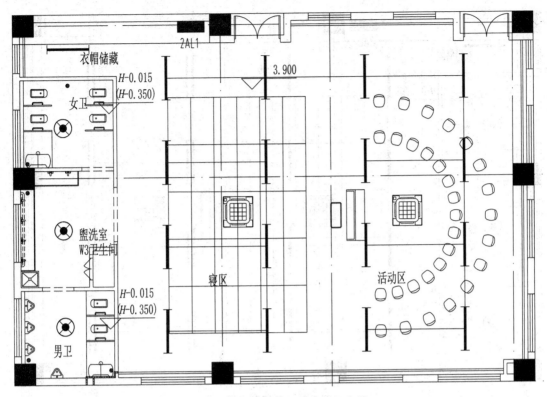

图8-32 完成灯具布置及平面布线

3.参考图8-29，使用"矩形布置"和"设备擦除"命令完成办公兼会议室的灯具布置，如图8-33所示。

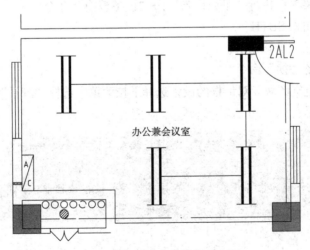

图8-33 办公兼会议室灯具布置

2.2 设备替换 📖

将活动区内的8盏单管荧光灯替换为双管荧光灯，如图8-34所示。

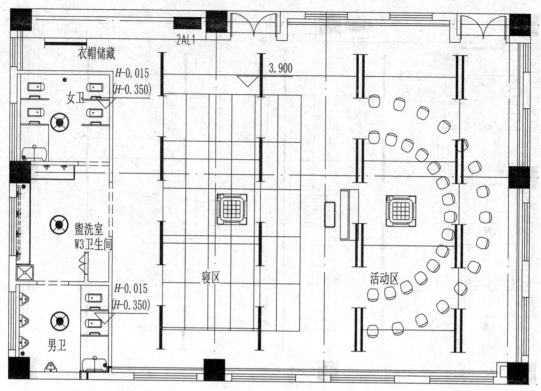

衣帽储藏

2AL1

女卫

盥洗室
W3卫生间

男卫

3.900

寝区

活动区

H-0.015
(H-0.350)

H-0.015
(H-0.350)

图 8-34　替换荧光灯

"设备替换"命令功能：用选定的设备块来替换已插入图中的设备图块。

常用的调用方法如下：

（1）天正屏幕菜单：执行"平面设备"→"设备替换"命令；

（2）命令行：输入 SBTH。

替换荧光灯的操作步骤如下：

（1）执行"设备替换"命令。

（2）在"天正电气图块"对话框的设备选择下拉菜单中选择"灯具"→"双管荧光灯"。

（3）命令行提示：

> 请选取图中要被替换的设备（多选）＜直接替换同名设备请按 Enter 键＞：（选择活动区内的单管荧光灯）
>
> 请选取图中要被替换的设备（多选）＜直接替换同名设备请按 Enter 键＞：（表示确定）
> 是否需要重新连接导线＜Y＞：Y（需要重新连接导线）

注意事项：

（1）如果想替换图中所有同名设备，则在激活命令后，命令行提示：

> 请选取图中要被替换的设备（多选）＜直接替换同名设备请按 Enter 键＞：（单击鼠标右键）
>
> 请选取图中要被替换的设备（多选）＜直接替换同名设备请按 Enter 键＞：（单击所有同名设备中的一个，其余的同名设备都会被新设备所替换）

（2）选择要替换的设备时由于程序中已设定了选择时的图元类型和图层的过滤条件，因此不会框选/叉选时，选中其他图层和类型的图元。

📖 课堂练习

使用"任意布置"命令，布置排气扇，如图 8-34 所示。

2.3 门侧布置 ✍

参考图 8-29，在办公兼会议室内布置双联开关，如图 8-35 所示。

"门侧布置"命令功能：在沿门一定距离的墙线上插入开关。

常用的调用方法如下：

（1）天正屏幕菜单：执行"平面设备"→"门侧布置"命令。

（2）命令行：输入 MCBZ。

（3）天正快捷工具条：单击天正快捷工具条中的 ✍ 按钮。

执行上述命令后，弹出图 8-36 所示的"门侧布置"对话框。在"天正电气图块"对话框中选择要插入的开关图块后，再输入开关到门的距离，布置开关的方向为开门一侧的墙线上。

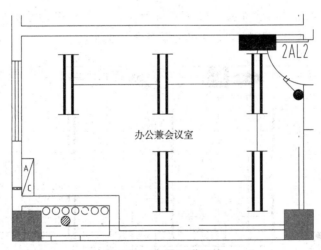

图 8-35　布置双联开关

门侧布置双联开关的操作步骤如下：

（1）执行"门侧布置"命令。

（2）在"天正电气图块"对话框的设备选择下拉菜单中选择"开关"→"双联开关"。参考图 8-36 所示的"门侧布置"对话框设置相关参数。

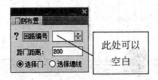

图 8-36　"门侧布置"对话框

（3）命令行提示：

> 请拾取门 {设备类别（上一个 W/ 下一个 S）/ 设备翻页（前页 P/ 后页 N）}<退出 >：（选择门，再单击鼠标右键表示结束）

注意事项：如果需要在门侧旁布置多个开关，请注意距离的设定，如图 8-37 所示。

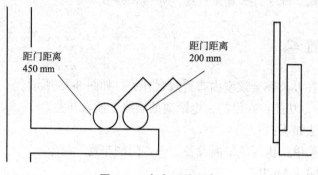

图 8-37　多个开关距离

📖 **课堂练习**

参考图 8-29，使用"门侧布置"命令布置开关，如图 8-38 所示。提示：插入开关时，在"门侧布置"对话框中可以尝试使用"选择墙线"选项。

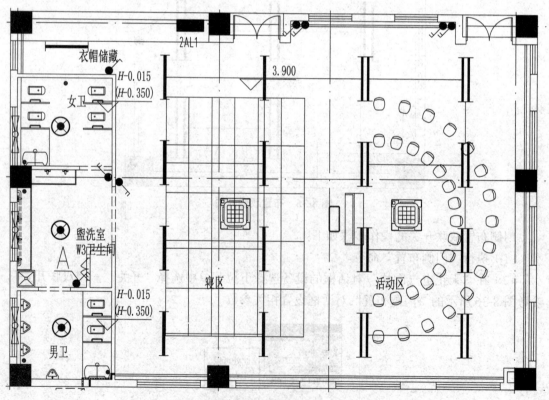

图 8-38　布置开关

2.4　设备旋转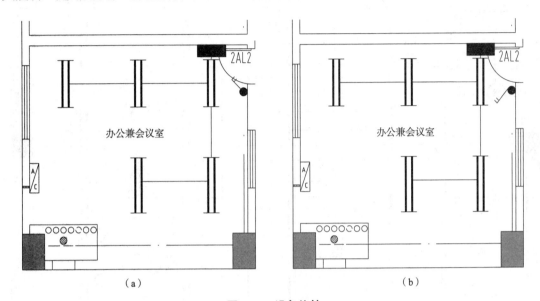

从图 8-39（a）可以看出，双联开关与门有部分重合，可以使用"设备旋转"命令将开关旋转一定的角度，避免重合，如图 8-39（b）所示。

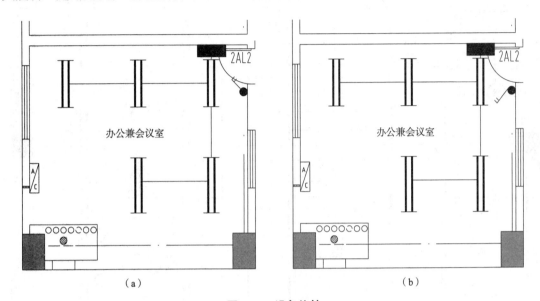

图 8-39　设备旋转
(a) 旋转开关前；(b) 旋转开关后

"设备旋转"命令功能：将已插入平面图中的设备图块旋转至指定的方向，插入点不变。

常用的调用方法如下：

（1）天正屏幕菜单：执行"平面设备"→"设备旋转"命令。

（2）命令行：输入 SBXZ。

旋转双联开关的操作步骤如下：

（1）执行"设备旋转"命令。

（2）命令行提示：

请选取要旋转的设备＜退出＞:（先选择双联开关，再单击鼠标右键）
旋转角度＜0.0＞（输入角度。用户可以自行对输入角度进行调整）

注意事项：

指定旋转角度除通过输入数值外，还可以使用鼠标进行拖拽来确定。

📖 **课堂练习**

1.讨论：如果选择多个开关同时旋转，会出现什么效果？

249

2. 讨论：比较"设备旋转"命令与 AutoCAD 的"旋转"命令的区别。

3. 参考图 8-29，使用"平面布线"和"回路编号"命令，完成导线连接及回路号标注，如图 8-40 所示。

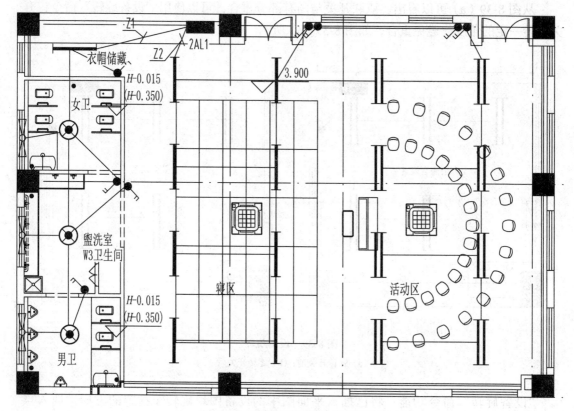

图 8-40   完成开关绘制及平面布线

4. 参考图 8-29，学习使用"设备翻转"命令，翻转图 8-38 中的 A 开关，如图 8-40 所示。

5. 参考图 8-29，使用"设备旋转"命令调整图 8-38 的开关，如图 8-40 所示。

2.5   标导线数 〰

参考图 8-29，使用"标导线数"命令标注导线数，如图 8-41 所示。

"标导线数"命令功能：在导线上标出导线根数。

常用的调用方法如下：

（1）天正屏幕菜单：执行"标注统计"→"标导线数"命令；

（2）命令行：输入 BDXS。

标导线数的操作步骤如下：

（1）执行"标导线数"命令后，弹出"标注"对话框，如图 8-42 所示。在对话框中选择导线根数为"4 根"。

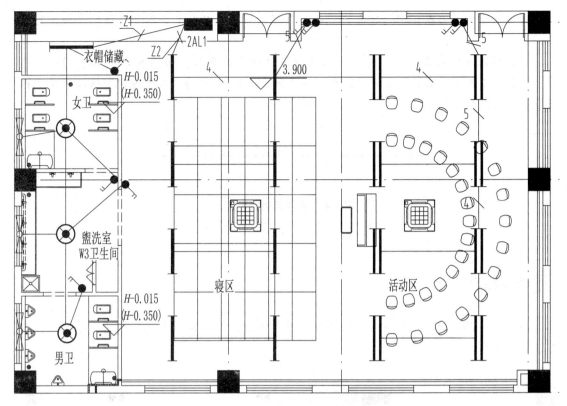

图 8-41 标导线数

图 8-42 "标注"对话框

（2）命令行提示：

请选取要标注的导线［1根（1）/2根（2）/3根（3）/4根（4）/5根（5）/6根（6）/7根（7）/8根（8）/自定义（A）］＜退出＞：（选择待标注的导线，单击鼠标右键结束，完成标注）

注意事项：

（1）可以通过点取对话框中对应导线数的按钮，或者通过在命令行输入导线根数的方法实现对导线根数的标注。如果实现定义好了导线的根数，那么在标导线数的时候，直接单击对话框中的"自动读取"按钮，直接标注定义好的根数。单击需要标注的导线，完成本任务。

（2）标注 3 根及 3 根以下的导线根数时标注样式有两种，如图 8-43 所示。通过"选项"对话框（选择天正屏幕菜单"设置"→"初始设置"）中的"电气设定"选项卡对"标导线数"栏进行设定。

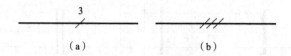

（a）　　　　　　　　　　（b）

图 8-43　标注导线数示例

（a）标注数字表示；（b）斜线数量表示

📖 课堂练习

参考图 8-29，使用"标导线数"命令标注导线数，如图 8-44 所示（注意：本图中，未标注的导线数为 3 根）。

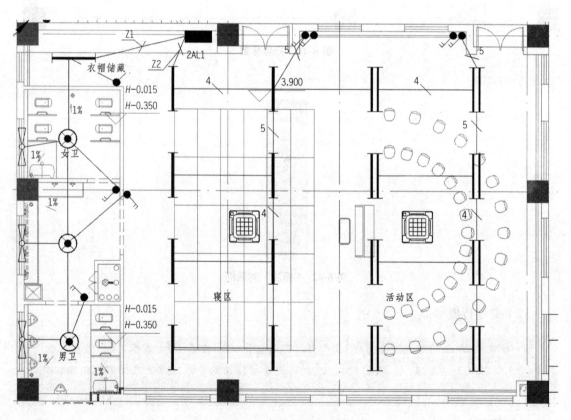

图 8-44　完成导线数的标注

课后练习

以"某小学二层平面图 .dwg"为建筑条件图，完成图 8-29 所示的绘制。

任务3 绘制电气系统图

任务目标

本任务介绍如何使用 T20 天正电气 V8.0 绘制强电系统图。

素质目标

1. 培养学生举一反三的自学能力。
2. 掌握电气系统图的绘制方法。
3. 通过对学生学习方法的引导，培养学生良好的学习能力。

任务准备

1. 安装 AutoCAD 软件和 T20 天正电气软件 V8.0。
2. 完成"某小学二层插座平面图"和"某小学二层照明平面图"绘制（图 8-45、图 8-46）。

任务组织

1. 五人一组，其中一名学生担任组长。课前讨论并简单识读"办公兼会议室照明配电系统图"。
2. 课前，讨论 T20 天正电气 V8.0 提供的"系统生成"命令、"照明系统"命令和"动力系统"命令的区别。
3. 学习使用"系统生成"命令，完成"办公兼会议室照明配电系统图"。
4. 综合应用 T20 天正电气 V8.0，完成课后练习。

T20 天正电气 V8.0 提供了自动绘制照明系统、动力系统和任意定制配电箱系统图三种命令。"照明系统"命令主要用于绘制简单的照明系统图；"动力系统"命令主要用于绘制简单动力系统图，这两种命令主要用于生成简单的系统图。"系统生成"命令是前两种命令的综合和完善，适用于绘制任何形式的配电箱系统图，并完成三相平衡的电流计算。

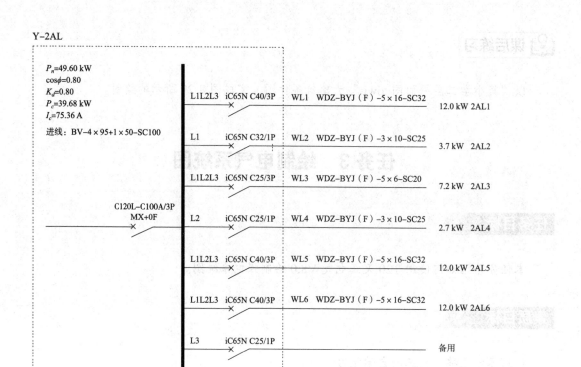

Y-2AL

P_n=49.60 kW
cosϕ=0.80
K_d=0.80
P_c=39.68 kW
I_c=75.36 A
进线：BV-4×95+1×50-SC100

C120L-C100A/3P
MX+0F

L1L2L3	iC65N C40/3P	WL1	WDZ-BYJ（F）-5×16-SC32	12.0 kW 2AL1
L1	iC65N C32/1P	WL2	WDZ-BYJ（F）-3×10-SC25	3.7 kW 2AL2
L1L2L3	iC65N C25/3P	WL3	WDZ-BYJ（F）-5×6-SC20	7.2 kW 2AL3
L2	iC65N C25/1P	WL4	WDZ-BYJ（F）-3×10-SC25	2.7 kW 2AL4
L1L2L3	iC65N C40/3P	WL5	WDZ-BYJ（F）-5×16-SC32	12.0 kW 2AL5
L1L2L3	iC65N C40/3P	WL6	WDZ-BYJ（F）-5×16-SC32	12.0 kW 2AL6
L3	iC65N C25/1P			备用

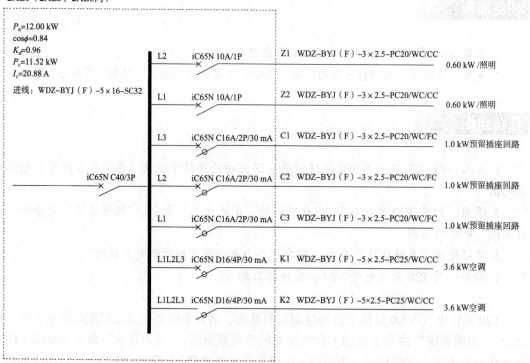

2AL1（2AL5、2AL6同）

P_n=12.00 kW
cosϕ=0.84
K_d=0.96
P_c=11.52 kW
I_c=20.88 A
进线：WDZ-BYJ（F）-5×16-SC32

iC65N C40/3P

L2	iC65N 10A/1P	Z1	WDZ-BYJ（F）-3×2.5-PC20/WC/CC	0.60 kW /照明
L1	iC65N 10A/1P	Z2	WDZ-BYJ（F）-3×2.5-PC20/WC/CC	0.60 kW /照明
L3	iC65N C16A/2P/30 mA	C1	WDZ-BYJ（F）-3×2.5-PC20/WC/FC	1.0 kW预留插座回路
L2	iC65N C16A/2P/30 mA	C2	WDZ-BYJ（F）-3×2.5-PC20/WC/FC	1.0 kW预留插座回路
L1	iC65N C16A/2P/30 mA	C3	WDZ-BYJ（F）-3×2.5-PC20/WC/FC	1.0 kW预留插座回路
L1L2L3	iC65N D16A/4P/30 mA	K1	WDZ-BYJ（F）-5×2.5-PC25/WC/CC	3.6 kW空调
L1L2L3	iC65N D16A/4P/30 mA	K2	WDZ-BYJ（F）-5×2.5-PC25/WC/CC	3.6 kW空调

活动室配电系统图

图 8-45 某小学二层配电系统图

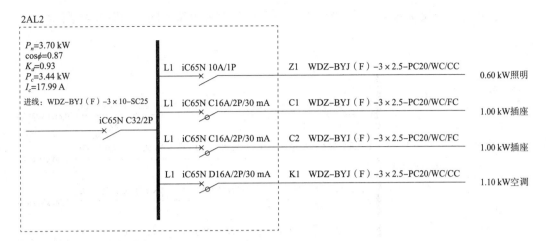

办公兼会议室照明配电系统图

2AL2

P_n=3.70 kW
$\cos\phi$=0.87
K_d=0.93
P_c=3.44 kW
I_c=17.99 A
进线: WDZ–BYJ(F)–3×10–SC25

iC65N C32/2P

L1 iC65N 10A/1P   Z1 WDZ–BYJ(F)–3×2.5–PC20/WC/CC   0.60 kW照明

L1 iC65N C16A/2P/30 mA   C1 WDZ–BYJ(F)–3×2.5–PC20/WC/FC   1.00 kW插座

L1 iC65N C16A/2P/30 mA   C2 WDZ–BYJ(F)–3×2.5–PC20/WC/FC   1.00 kW插座

L1 iC65N D16A/2P/30 mA   K1 WDZ–BYJ(F)–3×2.5–PC20/WC/CC   1.10 kW空调

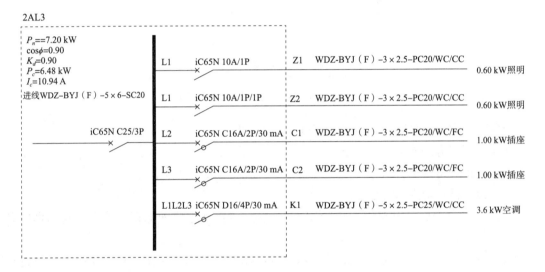

2AL3

P_n==7.20 kW
$\cos\phi$=0.90
K_d=0.90
P_c=6.48 kW
I_c=10.94 A
进线WDZ–BYJ(F)–5×6–SC20

iC65N C25/3P

L1   iC65N 10A/1P   Z1 WDZ-BYJ(F)–3×2.5–PC20/WC/CC   0.60 kW照明

L1   iC65N 10A/1P/1P   Z2 WDZ–BYJ(F)–3×2.5–PC20/WC/CC   0.60 kW照明

L2   iC65N C16A/2P/30 mA   C1 WDZ-BYJ(F)–3×2.5–PC20/WC/FC   1.00 kW插座

L3   iC65N C16A/2P/30 mA   C2 WDZ-BYJ(F)–3×2.5–PC20/WC/FC   1.00 kW插座

L1L2L3 iC65N D16/4P/30 mA   K1 WDZ-BYJ(F)–5×2.5–PC25/WC/CC   3.6 kW空调

图书阅览室照明配电系统图

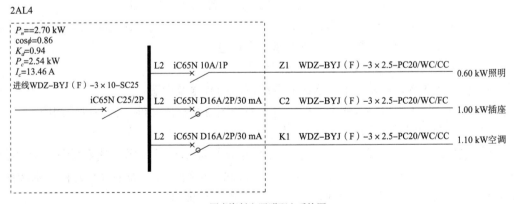

2AL4

P_n==2.70 kW
$\cos\phi$=0.86
K_d=0.94
P_c=2.54 kW
I_c=13.46 A
进线WDZ–BYJ(F)–3×10–SC25

iC65N C25/2P

L2   iC65N 10A/1P   Z1 WDZ–BYJ(F)–3×2.5–PC20/WC/CC   0.60 kW照明

L2   iC65N D16A/2P/30 mA   C2 WDZ–BYJ(F)–3×2.5–PC20/WC/FC   1.00 kW插座

L2   iC65N D16A/2P/30 mA   K1 WDZ–BYJ(F)–3×2.5–PC20/WC/CC   1.10 kW空调

图书资料室照明配电系统图

图 8-45 某小学二层配电系统图（续）

结合办公兼会议室的插座平面图、照明平面图绘制配电系统图，如图 8-46 所示。

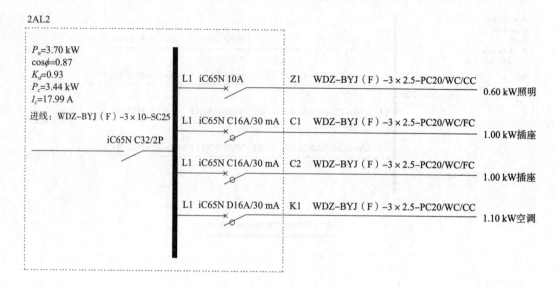

办公兼会议室照明配电系统图

图 8-46　办公兼会议室照明配电系统图

"系统生成"命令功能：自定义配置任意系统图。

常用的调用方法如下：

（1）天正屏幕菜单：执行"强电系统"→"系统生成"命令。

（2）命令行：输入 XTSC。

执行上述命令后，出现图 8-47 所示的对话框。"自动生成配电箱系统图"对话框中各选项介绍如下。

（1）预览窗口：在预览窗口汇总显示将要绘制的配电箱系统图。在对某一条线路进行编辑时，窗口中的这根线显示为红色，表示正处于编辑状态。

（2）"绘制参数"选项组：设置绘图参数。其中各选项介绍如下。

馈线长度、回路间隔、元件间距：设置相应参数。可以选择参数，也可以手动输入参数。

1）从平面图读取：根据平面图读取系统图信息。

2）从系统图读取：拾取已有的系统图信息。

3）恢复上次数据：恢复上一次绘制系统图时的数据及设置。

4）导出、导入：可将本次设置的配电箱系统图方案存成文件，方便以后调用。

（3）"回路设置"选项组各选项介绍如下。

1）选择元件：在回路设置中，五个元件预览框显示出系统图进线和馈线所使用的元件。其中，前两个为进线元件，后三个为当前回路的馈线元件。如果没有元件，则选择线。单击元件预览框，在弹出的元件列表中选择需要的元件即可。

2）元件标注：既可以在文本框中直接输入元件型号，也可以单击文本框按钮 <<，弹出"元件选型标注"对话框，如图 8-48 所示，在该对话框中设置元件的型号即可。

（4）各回路的参数以表格的方式显示。

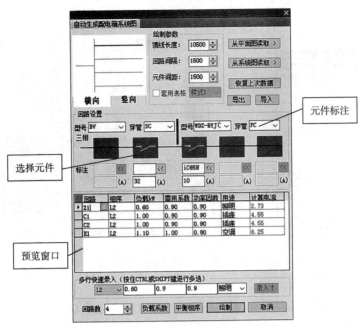

图 8-47 "自动生成配电箱系统图"对话框

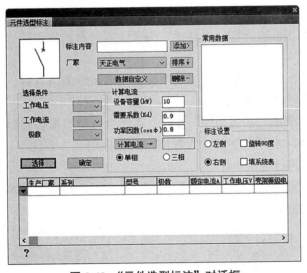

图 8-48 "元件选型标注"对话框

1）回路：单击单元格右侧的矩形按钮▣，打开"回路编号头"对话框，设置回路编号，如图 8-49 所示。

2）相序：单击单元格右侧的向下箭头，在列表中选择相序的类型。

3）负载 kW：指当前回路的总负荷（kW）。如果系统图是由平面图读取的，"负载"则为系统通过自动搜索得到平面图该回路用电设备总功率。这时要求学生在绘制平面图后执行"设备定义"操作，即给所有设备赋予额定功率。如果没有从平面图读取的，可以手动输入功率。

4）需要系数、功率因数：单击单元格右侧的矩形按钮▣，打开"选择参数"对话框，在该对话框中选择或者输入参数均可，如图 8-50 所示。

图 8-49 "回路编号头"对话框

图 8-50 "选择参数"对话框

5）用途：单击单元格右侧的向下箭头，在列表中显示若干用途，选择其中一种即可。如果列表中没有合适的选择，可以手动输入。

（5）多行快速录入：可以同时设置多条支路的参数。按住 Ctrl 键或 Shift 键，在表格中同时选择两根或者两根以上的支路，在"多行快速录入"栏中设置相应的参数，单击"录入"按钮，即可一次设置多条支路的参数值。

（6）回路数：可以手动输入参数，或者单击向上、向下按钮来增加或减少支路的数量。如果系统图是由平面图读取，则"回路数"为系统通过自动搜索得到平面图中所有已定义的回路总数。

（7）负载系数：配合"从平面图读取"按钮读取系统图信息时，各回路负载容量乘以相应的系数。这个值可以自定义设置。

（8）平衡相序：单击"平衡相序"按钮，系统会自动根据各回路负载来指定回路相序（最接近平衡）。另外，也可以手动输入各回路的相序信息。系统可以自动标注导线相序，还可以根据三相平衡进行电流的计算。

绘制办公兼会议室（配电箱 2AL2）照明配电系统图的操作步骤如下。

（1）执行"系统生成"命令，参考图 8-47 设置相应的参数。

（2）单击"绘制"按钮，在绘图区放置系统图，如图 8-51 所示。

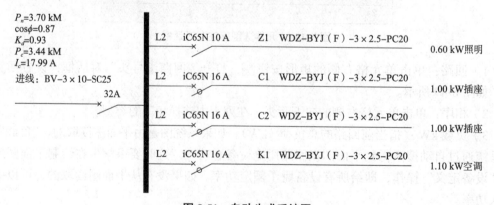

图 8-51 自动生成系统图

（3）根据图 8-46，通过对文字进行编辑，完成对图 8-51 的修改，如图 8-52 所示。

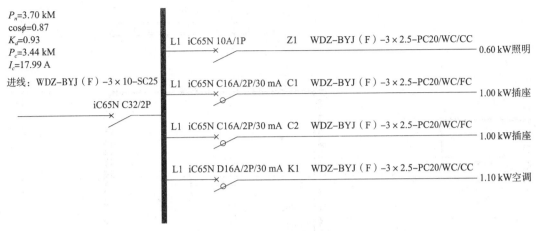

P_n=3.70 kM
$\cos\phi$=0.87
K_d=0.93
P_c=3.44 kM
I_c=17.99 A

进线：WDZ–BYJ（F）–3×10–SC25

iC65N C32/2P

L1 iC65N 10A/1P   Z1   WDZ–BYJ（F）–3×2.5–PC20/WC/CC
0.60 kW照明

L1 iC65N C16A/2P/30 mA C1   WDZ–BYJ（F）–3×2.5–PC20/WC/FC
1.00 kW插座

L1 iC65N C16A/2P/30 mA C2   WDZ–BYJ（F）–3×2.5–PC20/WC/FC
1.00 kW插座

L1 iC65N D16A/2P/30 mA K1   WDZ–BYJ（F）–3×2.5–PC20/WC/CC
1.10 kW空调

图 8-52 编辑系统图

（4）执行天正屏幕菜单中的"强电系统"→"虚线框"命令。在系统图上绘制虚线框。

（5）执行天正屏幕菜单中的"文字"→"单行文字"命令。输入配电箱编号"2AL"。

（6）执行天正屏幕菜单中的"符号"→"图名标注"。标注图名为"办公兼会议室照明配电系统图"。完成办公兼会议室照明配电系统图的绘制。

💡课后练习

完成图 8-45 某小学二层配电系统图的绘制。

任务 4 绘制防雷平面图

任务目标

本任务介绍如何使用 T20 天正电气 V8.0 绘制防雷平面图。

素质目标

1. 通过对"天面层防雷平面图"的绘制，能够读懂简单的防雷平面图。
2. 通过对学生学习方法的引导，培养学生良好的学习能力和自我发展的能力。

任务准备

1. 安装 AutoCAD 软件和 T20 天正电气 V8.0。

2. 本任务以"某小学屋顶平面图 .dwg"为建筑条件图，请提前下载该文件。

3. 新建"避雷小针"图层，在建筑条件图上，绘制直径为 250 mm 的圆，表示避雷小针。避雷小针具体位置如图 8-53 所示。

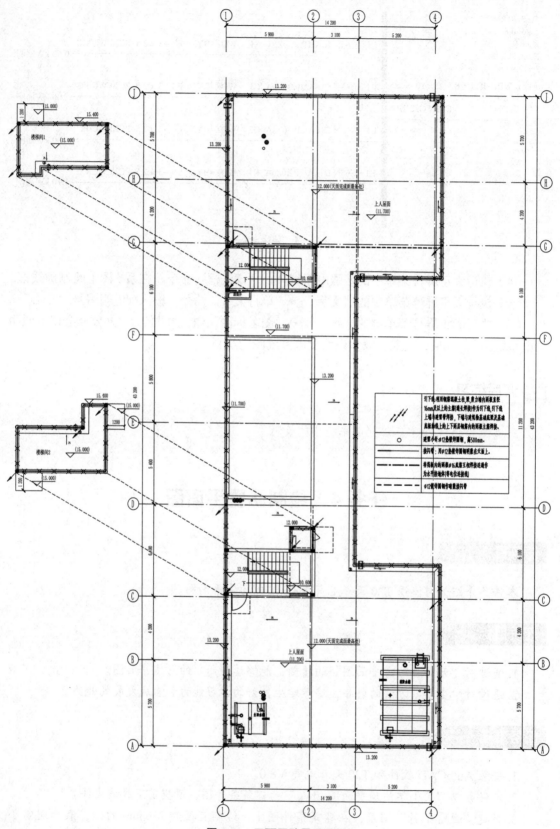

图 8-53 天面层防雷平面图

4. 打开"平面导线设置"对话框，设置接闪线线型，如图 8-54 所示。

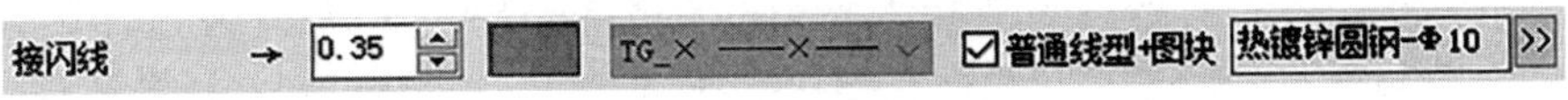

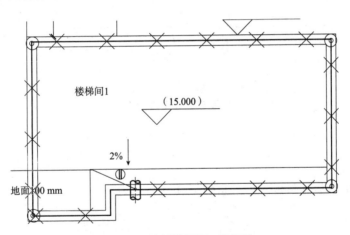

图 8-54　设置接闪线线型

任务组织

1. 五人一组，其中一名学生担任组长。课前下载"某小学屋顶面图 .dwg"，以小组为单位，识读"天面层防雷平面图"。

2. 课前设置接闪线线型。

3. 课前使用"圆"命令绘制避雷小针。完成后，组内成员互相点评。

4. 学生先独立完成任务内例图的绘制。绘图过程中碰到问题，小组内成员互相帮助，解决问题。

5. 每组完成后，教师对各组进行点评和补充。

6. 完成课后练习。

在课前准备时，已经设置好接闪线线型，并且将避雷小针布置完成。参考图 8-54 完成楼梯间 1 接闪线的绘制，如图 8-55 所示。

图 8-55　绘制楼梯间 1 接闪线

T20 天正电气 V8.0 绘制防雷的方法有"自动避雷"和"接闪线"两种。"自动避雷"命令主要用于自动搜索封闭的外墙线，沿墙线按一定偏移距离绘制避雷线，同时插入支持卡。使用本命令要在作为基准的外墙线上，而这个外墙线也必须是封闭的，否则自动搜索可能会出错。"接闪线"命令是手工绘制避雷线，此命令是"自动避雷"命令的补充，如果执行"自动避雷"命令时搜索墙线失败，可以使用该命令绘制。对于一些屋面上还有构筑物的，"自动避雷"命令不是很适用。而"接闪线"命令的适用性更加广泛，本工程采用"接闪线"命令绘制避雷网。

"接闪线"命令功能：沿墙线按一定偏移距离绘制避雷线，同时插入支持卡。

"接闪线"命令常用的调用方法如下。

（1）天正屏幕菜单：执行"接地防雷"→"接闪线"命令。

（2）命令行：输入 JSX。

绘制楼梯间 1 接闪线的操作步骤：执行"接闪线"命令后，命令行提示：

点取接闪线的起始点：或［点取图中曲线（C）/点取参考点（R）］＜退出＞：（单击图 8-56 中的 A 点）

直段下一点［弧段（A）/回退（U）］＜结束＞：（依次单击图 8-56 中的 B～F 点，单击鼠标右键表示完成）

点取接闪线偏移的方向＜不偏移＞：（单击楼梯间 1 内部任意位置）

输入接闪线到外墙线或屋顶线的距离 <120.00>：100

输入支持卡的间距（按 Esc 键退出)<1 000>：1 000

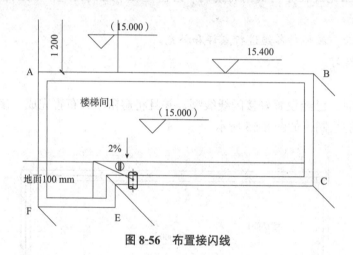

图 8-56　布置接闪线

课堂练习

1. 布置楼梯间 2 的接闪线，如图 8-57 所示。

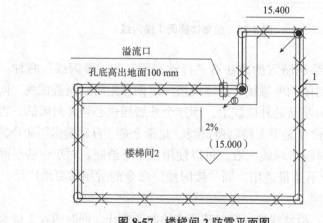

图 8-57　楼梯间 2 防雷平面图

2. 使用"插入引线"命令，在楼梯间 1、2 插入引下线，完成楼梯间 1 防雷平面图和楼梯间 2 防雷平面图的绘制，如图 8-57 和图 8-58 所示。

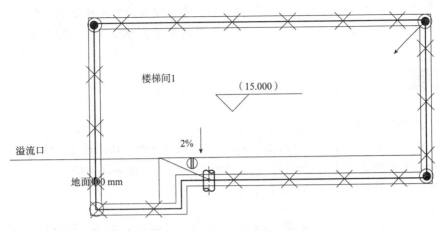

图 8-58　楼梯间 1 防雷平面图

📖 **课后练习**

完成图 8-53 天面层防雷平面图的绘制。

注意事项：

（1）上人屋面有部分用 $\phi12$ 镀锌圆钢作暗敷接闪带，这部分内容在图 8-54 中用虚线表示。绘制方法如下：

1）参考图 8-59 设置接闪线线型。

2）使用"接闪线"命令绘制暗敷接闪带。

图 8-59　设置接闪线线型

（2）可以先不绘制水平接地体部分，在任务 5 中将介绍此部分的绘制方法。

任务 5　绘制接地平面图

任务目标

本任务介绍如何使用 T20 天正电气 V8.0 绘制接地平面图。

1. 通过对"负一层防雷接地平面图"的绘制，能够读懂简单的接地平面图。
2. 通过对学生学习方法的引导，培养学生良好的学习能力和自我发展的能力。

任务准备

1. 安装 AutoCAD 软件和 T20 天正电气软件 V8.0。
2. 本任务以"某小学负一层平面图.dwg"为建筑条件图，请提前下载该文件。
3. 打开"平面导线设置"对话框，设置接地线线型，如图 8-60 所示。
4. 使用"插入引线"命令，布置引下线。

图 8-60　设置接地线线型

任务组织

1. 五人一组，其中一名学生担任组长。课前下载"某小学负一层平面图.dwg"，以小组为单位，识读"负一层防雷接地平面图"。
2. 课前设置接地线线型。
3. 使用"插入引线"命令，布置引下线。完成后，组内成员互相点评。
4. 学生先独立完成任务内例图的绘制。绘图过程中遇到问题，小组内成员互相帮助，解决问题。
5. 每组完成后，教师对各组进行点评和补充。
6. 完成课后练习。

5.1　接地线

在课前准备时，已经设置好接地线线型，并且将引下线布置完成。参考图 8-61，完成消防泵房和消防水池接地线的绘制，如图 8-62 所示。

T20 天正电气 V8.0 绘制接地的方法有"自动接地""接地线"和"绘接地网"三种命令。"自动接地"命令主要用于自动搜索封闭的外墙线，沿墙线按一定偏移距离绘制接地线。使用本命令要在作为基准的外墙线上，而这个外墙线也必须是封闭的，否则自动搜索可能会出错。"接地线"命令是手工绘制接地线，该命令是"自动接地"命令的补充，如果执行"自动接地"命令时搜索墙线失败，可以使用该命令绘制。所以，"接地线"命令适用性更加广泛，本工程采用"接地线"命令绘制接地网。"绘接地网"命令可以设置间距绘制接地网。

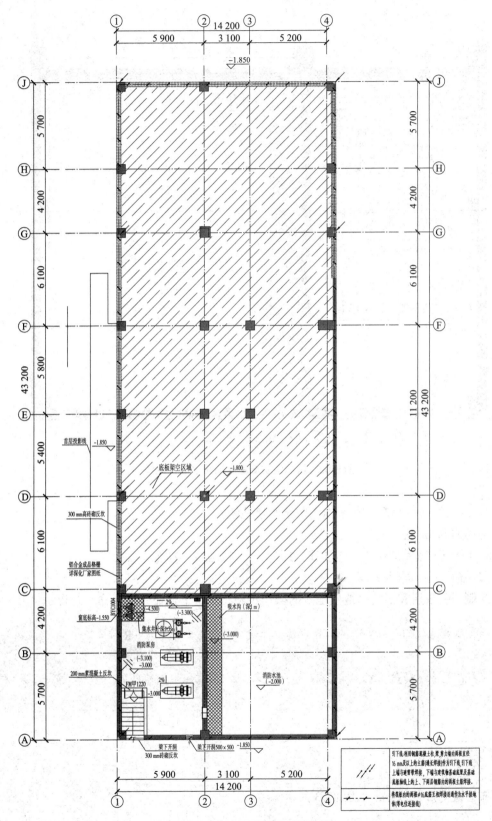

图 8-61 负一层防雷接地平面图

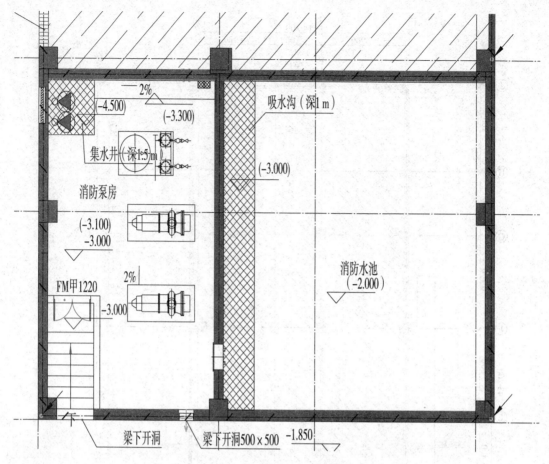

図中文字：
—2%
(−4.500)
(−3.300)
吸水沟（深1 m）
(−3.000)
集水井（深1.5 m）
消防泵房
(−3.100)
−3.000
2%
FM甲1220
−3.000
消防水池
(−2.000)
梁下开洞
梁下开洞500×500
−1.850

图 8-62　绘制消防泵房和消防水池接地线

"接地线"命令功能：在平面图中绘制接地线。

常用的调用方法如下：

（1）天正屏幕菜单：执行"接地防雷"→"接地线"命令。

（2）命令行：输入 JDX。

绘制消防泵房和消防水池接地线的操作步骤：执行上述命令后，命令行提示：

> 请点取接地线的起始点：或［点取图中曲线（C）/点取参考点（R）］＜退出＞：（点取接地线起点）
>
> 直段下一点［弧段（A）/回退（U）］＜结束＞：（依次点取接地线的下一点。单击鼠标右键表示完成）

📖 课堂练习

布置负一层接地线，如图 8-63 所示。

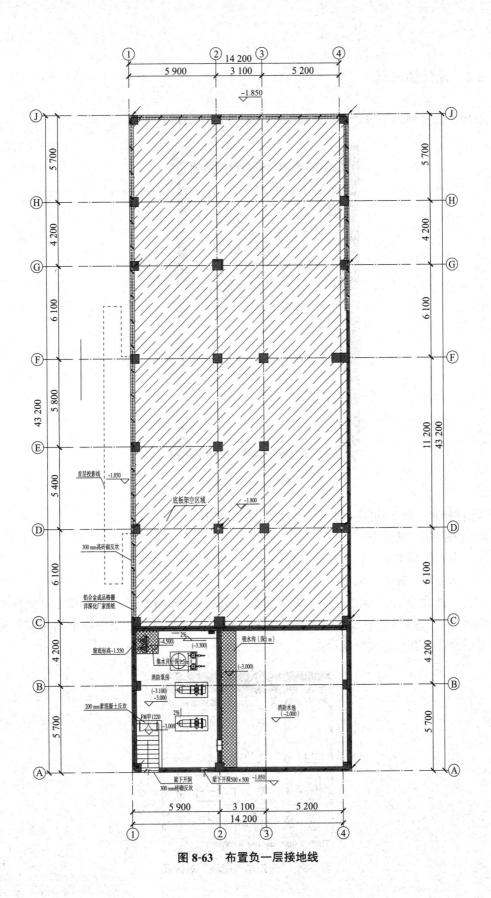

图 8-63　布置负一层接地线

5.2 元件插入

使用"元件插入"命令布置接地端子，如图 8-64 所示。

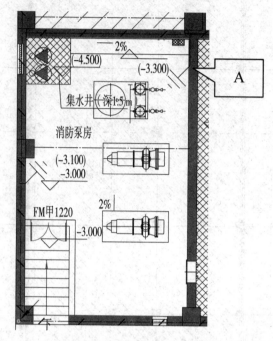

图 8-64 布置接地端子

"元件插入"命令功能：将系统元件插入到图纸中。

常用的调用方法如下。

（1）天正屏幕菜单：执行"系统元件"→"元件插入"命令。

（2）命令行：输入 YJCR。

执行上述命令后，弹出"天正电气图块"对话框，如图 8-65 所示。单击"元件类别"下拉选项，在下拉列表中显示出元件的类别。选择类别，在对话框中显示出相应的元件，被选择的元件以红色的边框显示。

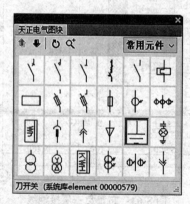

图 8-65 "天正电气图块"对话框

布置接地端子的操作步骤如下。

（1）执行"元件插入"命令，在"天正电气图块"对话框中选择"常用元件"→"接地"图块。

（2）单击对话框中 ↻ 按钮，命令行提示：

请指定元件的插入点 <退出>：（在 A 点附近单击）
旋转角度 <0.0>：–45（旋转 –45°）

（3）使用"接地线"命令，将接地端子与接地线连接，完成绘制。

📖 **课堂练习**

参考图 8-64，完成其他接地端子的布置。

💡 **课后练习**

1. 参考图 8-61，完成文字说明。
2. 完成图 8-53 中水平接地体部分的绘制。

模块 9

图形的布局与输出

任务目标

掌握模型空间和图纸空间概念与切换，以及图形的输入与输出方法；掌握图纸空间布局管理与图形的打印输出。

图纸绘制完成后，要将绘制的图纸打印出来，便于指导和交流。本模块主要介绍图纸的布图和打印的方法。

素质目标

1. 通过对图纸空间布局管理设置与图形打印输出方法的学习，提高学生的计算机应用能力，培养其认真负责和一丝不苟的工作作风。
2. 树立良好的文明使用计算机的习惯，培养学生的纪律意识。

任务准备

1. 安装 AutoCAD 软件。
2. 复习图纸图幅和图面比例。
3. 下载案例图纸"某小学二层插座平面图"。

任务组织

1. 五人一组，其中一名学生担任组长。下载资料"制图规范及标准的认识"并学习。根据其中的"制图标准中的图线"独立设置打印样式，然后小组讨论样式设置的准确性。
2. 将图纸打印为 PDF 格式，组内互评图纸打印的质量。
3. 每组完成后，教师对各组进行点评和补充。
4. 完成课后练习。

任务 1 图纸布局与打印输出

1.1 模型空间与图纸空间

在 AutoCAD 中提供了两个工作空间，分别是模型空间和图纸空间。绘图是在模型空间进行的。单击"布局 1"按钮或"布局 2"按钮可以进入图纸空间。单击"模型"按钮或"布局"按钮可以在模型和布局空间之间进行切换，如图 9-1 所示。

图 9-1 切换选项卡

1. 模型空间

模型空间中的"模型"是指在 AutoCAD 中用绘制与编辑命令生成的代表现实世界物体的对象，是建立模型时所处的 AutoCAD 环境。用户使用 AutoCAD 首先在模型空间工作。通常在模型空间按照 1∶1 进行设计绘图。

2. 图纸空间

图纸空间的"图纸"与真实的图纸相对应，图纸空间是设置、管理视图的 AutoCAD 环境。在图纸空间可以按模型对象不同方位显示视图，按合适的比例在"图纸"上表示出来。在模型空间绘制完成后，进入图纸空间，规划视图的位置与大小，将具有不同比例图元的视图在一张图纸上表现出来。

当启动 AutoCAD 后，默认处于模型空间，"模型"是激活的；而图纸空间是未被激活的。尽管模型空间只有一个，但学生却可以为图形创建多个布局图，以适应各种不同的要求。

3. 模型空间和图纸空间的切换

模型空间和图纸空间可以自由切换，其方式如下：

（1）由系统变量来控制，当系统变量 TILEMODE 设置为 1 时，切换到"模型"空间；当 TILEMODE 设置为 0 时，打开"布局"，在"布局"的状态栏上有"模型空间"和"图纸空间"切换按钮，单击该按钮可以自由切换。

（2）"布局"状态下，在命令行中输入"MSPACE"可切换到模型空间，输入"PSPACE"可切换到图纸空间。

📖 **课堂练习**

分别在模型空间和图纸空间绘制图元，然后分别在模型空间和图纸空间观察这两组图元，观察两者显示有何区别。

1.2 打印样式

1. 打印样式概述

与线型和颜色一样，打印样式也是对象特性。可以将打印样式指定给对象或图层。打印样式控制对象的打印特性，包括颜色、抖动、灰度、笔号、虚拟笔、淡显、线型、线宽、线条端点样式、线条连接样式和填充样式等。

打印样式提供了很大的灵活性，既可以设置打印样式来替代其他对象特性，也可以按使用者的需要关闭这些替代设置。打印样式组保存在以下两种打印样式列表中：颜色相关（CTB）或命名（STB）。颜色相关打印样式表根据对象的颜色设置样式。命名打印样式可以指定给对象，与对象的颜色无关。

（1）颜色相关打印样式表（CTB）用对象的颜色来确定打印。例如，图形中所有的红色的对象均以相同方式打印。颜色相关打印样式表中有 256 种打印样式，每种样式对应一种颜色。

（2）命名打印样式表（STB）包括定义的打印样式。使用命名打印样式表时，具有相同颜色的对象可能会以不同方式打印，这取决于指定对象的打印样式。

AutoCAD 2020 与天正系列软件提供了多种打印样式表。各打印样式表的用途见表 9-1。

表 9-1　打印样式表的用途

文件夹名	文件夹用途
acad.ctb	适用于打印默认的打印样式
DWF Virtual Pens.ctb	AutoCAD 2004 中第一次使用的打印样式表
Fill Patterns.ctb	填充对象区域
Grayscale.ctb	可以调节 255 种不同灰度的对象颜色
monochrome.ctb	应用于黑白打印 / 若设备是黑白打印应指定为此选项
Screening 100%.ctb	对所有颜色使用 100% 墨水
Screening 25%.ctb	对所有颜色使用 100% 墨水
Screening 50%.ctb	对所有颜色使用 100% 墨水
Screening 75%.ctb	对所有颜色使用 100% 墨水
TElec20V8.ctb	T20 天正电气 V8.0 的打印样式

2. 添加样式表

在 AutoCAD 系统中，包含了多种打印样式表，除可以使用这些系统自带的打印样式表外，还可以自定义打印样式表。

使用"打印样式管理器"命令可以创建和管理打印样式表。样式表其实就是一组打印样式的集合，而打印样式则用于控制图形的打印效果，修改打印图形的外观。

常用的调用方法如下：

（1）菜单栏：执行菜单栏"文件"→"打印样式管理器"命令。

（2）命令行：输入 STYLEMANAGER。

（3）程序按钮：单击程序按钮 ![A] →"打印"→"管理打印样式"。

执行上述命令后，弹出"Plot Styles"对话框，如图 9-2 所示。

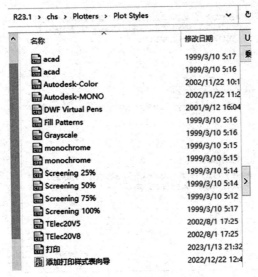

图 9-2 "Plot Styles"对话框

设置步骤如下：

（1）双击打开"添加打印样式表向导"，在弹出的"添加打印样式表"对话框中单击"下一页"按钮，选择"创建新打印样式表（S）"（图 9-3），单击"下一页"按钮。

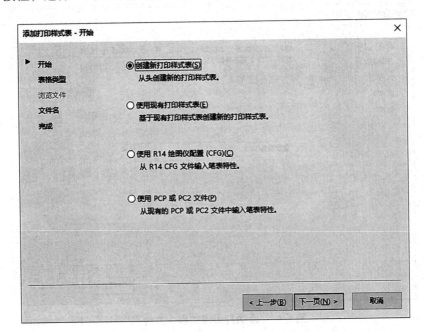

图 9-3 "添加打印样式表 – 开始"对话框

（2）在"添加打印样式表 – 选择打印样式表"对话框中，如果选择"颜色相关打印样式表"则新建一个 CTB 打印样式表，如果选择"命名打印样式表"则新建一个 STB 打印样式表，如图 9-4 所示。这里选择"颜色相关打印样式表"，单击"下一页"按钮。

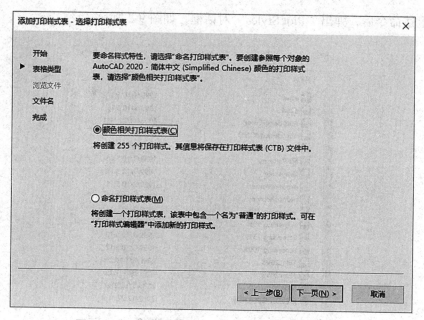

图 9-4 "添加打印样式表 – 选择打印样式表"对话框

（3）输入新建打印样式的文件名（图 9-5），单击"下一页"按钮，进入"添加打印样式表 – 完成"对话框，如图 9-6 所示。

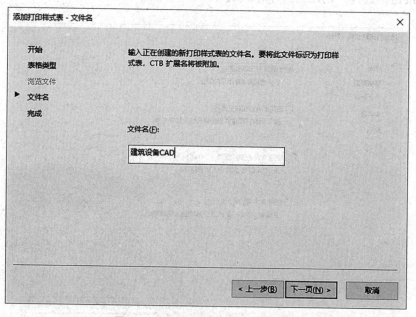

图 9-5 "添加打印样式表 – 文件名"

（4）若希望此打印环境适用于其他新建图形或当前图形，可以勾选图 9-6 中的"对新图形和 AutoCAD 2020 – 简体中文（Simplified Chinese）之前的图形使用此打印样式表"复选框。单击"打印样式表编辑器"按钮，在弹出的"打印样式编辑器"对话框中进行详细设定，如图 9-7 所示。

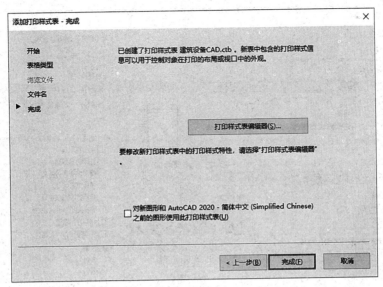

图 9-6 "添加打印样式表 - 完成"对话框

课堂练习

新建 STB 打印样式表。

1.3 图形输出

在进行图纸打印时，必须先对打印页面的打
印样式、打印设备、图纸大小、图纸打印方向以
及打印比例等参数进行设置。

1. 打印命令的启动

在 AutoCAD 2020 中，可以使用内部打印机
或 Windows 系统打印机输出图形，并能方便地修
改打印机设置及其他打印参数。

图 9-7 "打印样式表编辑器"对话框

常用的调用方法如下：

（1）菜单栏：执行菜单栏中的"文件"→"打印"命令。

（2）命令行：输入 PLOT，或 PRINT。

（3）快速访问工具栏单击快速访问工具栏中图标 💾。

执行上述命令后，弹出图 9-8 所示的"打印 - 模型"对话框。

2. 选择打印设备

在"打印机 / 绘图仪"区内的"名称"下拉列表中列出了可用的打印机，可以从中进
行选择，以打印当前布图，如图 9-9 所示。单击"特性"按钮，在弹出的对话框中可以查
看或修改打印机或绘图仪的配置信息。

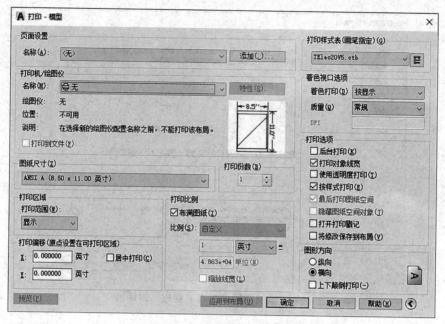

图 9-8 "打印 – 模型"对话框

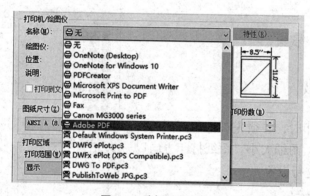

图 9-9 选择打印设备

3. 图纸尺寸

在"图纸尺寸"区的下拉列表中选择图纸的尺寸；在"打印份数"区中确定打印份数，如图 9-10 所示。如果选定了某种打印机，AutoCAD 会将此打印驱动里的图纸信息自动调入"图纸尺寸"的下拉列表中供使用者选择。在预览窗口，将精确地显示出相对应于图纸尺寸和可以打印区域的有效打印区域。

4. 图形方向

在"图形方向"中设置图形在图纸上的打印方向，如图 9-11 所示。各选项说明如下：

（1）纵向：图纸纵向。

（2）横向：图纸横向。

（3）上下颠倒打印：上下颠倒地放置并打印图形。

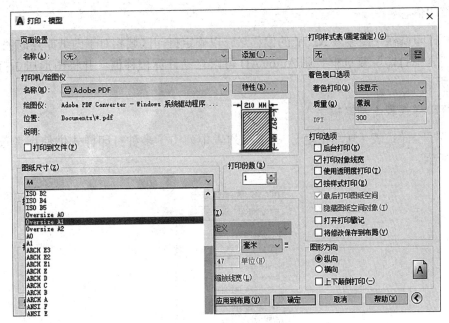

图 9-10　设置图纸尺寸

5. 打印区域

在"打印区域"下拉菜单选择要打印的范围，如图 9-12 所示。各选项说明如下：

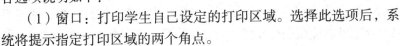

图 9-11　设置图形方向

（1）窗口：打印学生自己设定的打印区域。选择此选项后，系统将提示指定打印区域的两个角点。

（2）范围：打印包含对象的图形的部分当前空间。

（3）图形界限：打印布局时，将打印区域内的所有内容。选择此选项后，系统将把设定的图形界限范围打印在图纸上。

（4）显示：当前绘图窗口显示的内容。

图 9-12　选择打印区域

6. 打印比例

在"打印比例"中，控制图形单位与打印单位之间的相对尺寸。可以在"比例"对话框中定义打印的精确比例。使用者可以通过"自定义"选项，自己指定打印比例，如图 9-13 所示。

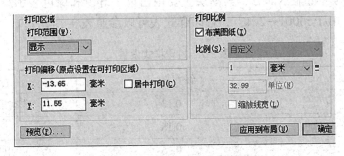

图 9-13　打印比例与打印偏移

7. 打印偏移

在"打印偏移"内输入 X、Y 的偏移量，以确定打印区域相对于图纸原点的偏移距离；若勾选"居中打印"复选框，则 AutoCAD 可以自动计算偏移值，并将图形居中打印，如图 9-13 所示。

8. 打印样式表（画笔指定）

在"打印样式表（画笔指定）"的下拉列表中列出了多种打印样式供使用者选择，如图 9-14 所示。

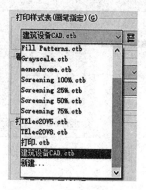

图 9-14　选择打印样式表

9. 打印预览

设置完打印参数后，就可以打印图纸了。但在之前，通常要通过"预览"按钮预览观察图形的打印效果。如果不合适可以重新进行设置。预览结束后，可以按 Esc 键或 Enter 键返回"打印"对话框。

任务 2　打印案例图纸

下载并打开"某小学二层插座平面图 .dwg"，将该图打印成 PDF 文件。

1. 设置打印样式表

从"某小学二层插座平面图"可以看出，非突出显示部分的图形，其图层颜色为 8 号色；而电气内容为着重显示部分，其图层主要用白色、青色和绿色表示。根据《房屋建筑制图统一标准》（GB/T 50001—2017），打印样式表可以参照表 9-2 设置。

表 9-2　打印样式设置

颜色	线宽 /mm	主要用途
8	0.13	非突出显示图形
白色	0.18	文字
青色、绿色	0.25	电气内容

2. 设置"打印"对话框

执行"打印"命令，参考图 9-15 设置"打印"对话框。单击"确定"按钮，将图纸设置为 PDF。

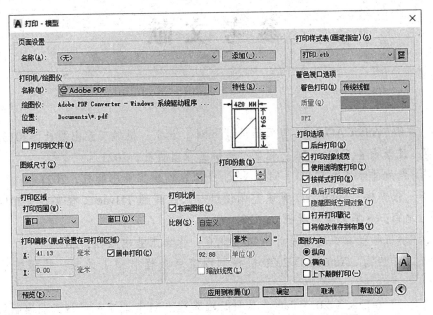

图 9-15　某小学二层插座平面图的"打印"对话框设置

📖 **课堂练习**

下载"某小学二层照明平面图 .dwg"（图纸尺寸为 A2），设置打印样式表，将图纸设置为 PDF 格式。

参 考 文 献

［1］徐宁，罗敏．AutoCAD 2012 与天正设计［M］.北京：机械工业出版社，2013.

［2］邓美荣．建筑设备 CAD［M］.北京：机械工业出版社，2021.

［3］赵星明．给水排水工程 CAD［M］.3 版．北京：机械工业出版社，2021.

［4］任振华，张秀梅．AutoCAD 暖通空调设计与天正暖通 THvac 工程实践（2014 中文版）
　　　［M］.北京：清华大学出版社，2017.

［5］罗敏．环境工程计算机辅助设计［M］.北京：化学工业出版社，2012.

［6］王灵珠，许启高．AutoCAD 2020 机械制图实用教程［M］.北京：机械工业出版社，
　　　2021.

［7］麓山文化．T20-Elec V6.0 天正电气软件标准教程［M］.北京：机械工业出版社，2021.